国学一本通

徐 潜◎主编

围炉夜话 呻吟语

清·王永彬◎著 姜 辣◎注译
明·吕 坤◎著 温大勇◎注译

吉林文史出版社

图书在版编目（CIP）数据

围炉夜话/（清）王永彬著；姜辣注译.呻吟语/（明）吕坤著；温大勇注译.－长春：吉林文史出版社，

2009.11（2019.9重印）（国学一本通/徐潜主编）

ISBN 978-7-5472-0102-2

Ⅰ.①围…②呻… Ⅱ.①王…②吕…③姜…④温… Ⅲ.①个人－修养－中国－清代②围炉夜话－译文③人生哲学－中国－明代④呻吟语－译文 Ⅳ.①B825②B248.92

中国版本图书馆CIP数据核字（2009）第204616号

 国学一本通

围炉夜话 呻吟语

出版人/徐 潜

出版发行/吉林文史出版社（长春市人民大街4646号） www.jlws.com.cn

主编/徐 潜

原著/王永彬 吕 坤

译评/姜 辣 温大勇

项目负责/王尔立

责任编辑/王尔立 王文亮

责任校对/李洁华

装帧设计/李岩冰 刘纯青 董晓丽

印刷/三河市嵩川印刷有限公司

版次/2009年11月第1版 2019年9月第3次印刷

开本/720mm×1000mm 1/16

字数/280千字

印张/14

书号/ISBN 978-7-5472-0102-2

定价/42.00元

正如其名，疲倦地送走喧嚣的白昼，炉边围坐，会顿感世界原来是这样的宁静。在如此宁静而温暖的氛围下，白昼里的种种烦闷，会不自觉地升华为对生活、对生命的洞然。

夜是这样的美妙，更何况围坐在暖暖的炉边呢？静夜炉边独坐，品味清朝王永彬先生的《围炉夜话》，体味作者以平淡而优美的话语，娓娓叙出琐碎生活中做人的道理，就如炎夏饮一杯清凉的酸梅汤，令人神清气爽，茅塞顿开。

中国传统文人是快乐是超逸，抑或痛苦、压抑，现在难以说得清楚。那时的文人即使在生活安逸、仕途得意时，心中也常存为天地立心、为万民请命的忧患意识，而在陡遭不测、倾家荡产时，又能常常保持一份无怨无悔的淡然心态。这就是中国传统文化的底蕴，因其博大，受其滋润的中国文人的心胸也是宽广大度的，其精神世界更是丰富多彩。

很难想象出现代人能炉边独坐而享受到宁静中体悟的超越。白昼喧嚣，夜晚灯红酒绿、纸醉金迷，以至于宁静对于现代人来说简直就是煎熬，难以忍受。现代人疲而不倦地创造着热闹，追逐着热闹，歌舞厅、咖啡厅、酒吧、夜总会，凡此种种，在王永彬那个时代是难以想象的，而这些热闹真的让现代人感到充实吗？

热闹如浮光掠影，酒席散去，更衬难耐的寂寞，只有内心世界的充盈，才会在荒漠中亦能自得其趣。还是静静地坐下来，再细细品味吧。

《呻吟语》是吕坤的呕心沥血之作，也是他留给后人的济世良方、处事宝典，历经三十年方完成，成书于万历二十一年(1593年)。在此之前，《呻吟语》的抄本曾在一定范围内流传。

吕坤对书名有过这样的解释："呻吟，病声也。呻吟语，病时疾痛语也。"他记述下这些"病时疾痛语"的目的，绝不是自哀自怜，而是为了让人们记住病时的痛苦，寻找出治病的良药——当然，文中所指的"病"实际是国民的病、社会的病、国家的病、统治者的病。可以说，《呻吟语》是作者针对病入膏肓的明王朝发出的苦闷悲愤之言，忧国忧民之情溢于言表。同时，吕坤在其中还记录了许多宝贵而有益的经验之谈。

《呻吟语》全书共六卷，前三卷为内篇，后三卷为外篇，从性命、存心、伦理、谈道、修身、问学、应务、养生、天地、世运、圣贤、品藻、治道、人情、物理、广喻、词章十七个方面，阐述了吕坤对人生与世情的观察、思考、体会、认识和求索，充满了哲理的睿智、感悟的真情和对真理的不懈追求。书中收人的文章没有长篇宏论，大多颇似言简意赅、意味深长的语录，往往于轻言慢语、情深意切中娓娓道出生命的真谛。即使是今天来看，《呻吟语》也不失为一部启迪心扉、品味人生、规范道德、指导实践的好书。

国学一本通

围炉夜话

呻吟语

目录

 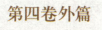

围炉夜话

> 教子弟于幼时，便当有正大光明气象；检身心于平日，不可无忧勤惕厉功夫。

译文

在后辈幼小时，就应培养他们具有宽宏、正直、磊落的气魄；在平实的生活中应随时反省自己的言行，不能没有自我督促的精神和身体力行的修养。

评点

为师者，传道、授业、解惑。传道是根本，所传之道，就是光明正大之道，就是教人刚直不阿、宽宏大度、堂堂正正地做人。长辈教导晚辈也应以此为根本。在善恶、美丑混杂的滚滚红尘中，能始终堂堂正正做人，没有良好的教养，是很难做到的。

纵观历史，在金钱、权力、美色面前变节者不胜枚举。究其原因，是未能如履薄冰般时时审省自身的一言一行，常常原谅自己的过失，丧失了对丑恶的抵抗力，渐渐走进了罪恶的深渊。

> 与朋友交游，须将他好处留心学来，方能受益；对圣贤言语，必要我平时照样行去，才算读书。

译文

和朋友交往，应该对他的优点长处认真学习，才能得到益处；对圣人贤者留下的言语，必须在平常的生活中细心体验，才算得上是真正的读书。

评点

交友的要义在于互鉴良短，肝胆相照。有人总是慨叹朋友难寻，究其原因就是一个人容易知道自己的长处，却很难发现自己的短处。只有知道自己短长，才能发现他人之长短，因此谦虚己知的人总能交到真正的朋友，从中受益。因为他懂得所有的人都有强于自己之处。

何谓读书人？读书人应将圣贤之言身体力行。一个人，即使学富五车，经纶满腹，道义满嘴，若所行皆苟且之事，只能是读书人的败类。真正的读书人应善于将书中的精义和真理付诸自己的言行。

> 贫无可奈惟求俭，拙亦何妨只要勤。

译文

如果贫困无法摆脱，只好厉行节俭，以期来日；资质愚鲁没什么大不了，只要勤恳，终会有所成就。

评点

对于真正有修养的人，富贵、贫贱有什么分别呢？贫穷的时候，以淡泊之心、俭朴之态安贫乐道；富贵时，视金钱如粪土，乐善好施。人在贫困中久了，有益其人生修养；人在富贵中久了，很容易为生活所迷醉，为富不仁。其实，真正的贫穷是精神的贫穷，真正的富有是精神的富有。

自认为笨的人太少了。每个人都认为自己聪明绝顶，与人勾心斗角，把人家算计了，还沾沾自喜，其不知算来算去算了自己。自认为自己笨的人才是真正有智慧的人。只有这样的人才懂得"路曼曼其修远兮，吾将上下而求索"。也只有这种人，最终才会成为圣人、伟人、真正的人。遗憾的是这种人太少了，难怪几千年来圣人就出了那么几个。

> 稳当话，却是平常话，所以听稳当话者不多；本分人，即是快活人，无奈做本分人者甚少。

译文

稳妥恰当的言语，却是平凡无奇的言语，所以喜欢听这种话的人并不多；本分的人，就是快活的人，可惜愿做本分人的人太少了。

评点

骗子都是绝顶聪明的人，所以，这个世界上骗子并不多，而上过当受过骗的人却比比皆是。可见，一个骗子的聪明足以骗倒很多人。为什么会这样呢？原因是真话、实话往往平淡无奇，毫无吸引人处，而假话、空话则甜美动人，极具诱惑力。

得陇望蜀者一生无快乐可言，因其欲望如无底深渊，永远也填不满；踏踏实实生活着的人，时时都很快乐，因为他的心已与阳光与高山与河流与大地融为了一体。

> 处事要代人作想，读书须切己用功。

译文

处理事情时要常常想到是否因为自己而妨碍了他人；读书做学问必须勤勤恳恳地切实用功。

评点

自尊是人的本性。但人们常常因为失去了他人的尊敬而失去自尊，可见尊敬是相互的。而凡事替人着想，正是尊敬他人的具体表现。也就是说，只有我为人人，才能人人为我。

读书，给人以经验、能力、知识。因此必须孜孜以求、脚踏实地。读书做学问注定辛苦，但有一技之长，苦尽甘来，就有了一生也花不完的财富。

> 一信字是立身之本，所以人不可无也；一恕字是接物之要，所以终身可行也。

译文

信，是人立身处世的根本，所以做人不能没有信用；宽容他人是待人接物的重要品行，所以值得终生操守。

评点

言而无信、不重言诺的人往往是最孤单的，因为他失去了他人的信任。

宽容是一种美德。大海之所以广阔，就是因为他拥有容纳百川不计得失的胸襟与气度。做人也是一样，将心比心，人非圣贤，孰能无过？只要过而能改，为何不给他人一次机会呢？

> 人皆欲会说话，苏秦乃因会说话而杀身；人皆欲多积财，石崇乃因多积财而丧命。

译文

每个人都希望自己具有极佳的口才，但苏秦就因为能言善辩而遭杀身之祸；每个人都希望财富越多越好，但石崇就因为富可敌国而招无妄之灾。

评点

苏秦身挂六国相印，游说诸侯之间，红极一时。若懂得适时收敛，也不会遭杀身之祸。物极必反，言多必失。该沉默时应及时沉默。沉默能使人冷静，使人清醒。

人生错路，皆在贪念。尤以贪财者为最。须知应是人支配钱，而不应是钱支配人。为金钱所驱使之人，或难脱束缚，或贪赃枉法，或暴尸荒野，或遭人斥责，皆是必然。

教小儿宜严，严气足以平躁气；待小人宜敬，敬心可以化邪心。

译文

教育孩子应该严格，这样可以平去他们的浮躁的心性；对待小人应当尊敬，这样可以感化他们，使他们去掉邪僻的心性。

评点

无论父爱还是母爱，溺爱便是畸形的爱。百依百顺，只会使孩子的独立性、自信心日渐消失，反而增长其骄娇二气和依赖感。这样怎能面对日后的风雨挫折？所以说惯子如杀子，不严无以成材。

小人也是人，也有好的一面。有好的地方就应学习和尊敬，这样更能激发他们的良知，使其逐渐变好。

善谋生者，但令长幼内外，勤修恒业，而不必富其家；善处事者，但就是非可否，审定章程，而不必利于己。

译文

擅长维持生计的人，只是使家中每个人按照年纪的大小和事情的内外就其本分、勤勤恳恳、兢兢业业，持之以恒地完成分内之事。这样做并不一定使家道大富，但生活一定会过得去；善于处理事情的人，只是根据事情的对错利弊，考察以后制定出一定的规则和程序，而不会去想是否对自己有利。

贵有恒，无需三更起五更眠。在一个家庭中，只要每一位成员都做好自己分内的事，勤俭持家，兢兢业业，即使不十分殷富，但也乐融和睦。

人都有私心，或多或少。但君子处事，有所不为，有所必为。只要是应该做的，一定要努力完成，不计个人得失。所谓劳而不怨，先事后得。

> 名利之不宜得者竟得之，福终为祸；困穷之最难耐者能耐之，苦定回甘。生资之高在忠信，非关机巧；学业之美在德行，不仅文章。

译文

不应该得到的名利竟然得到，开始觉得很幸运，但以后终会成为灾祸；穷困潦倒得到了极点时还能够咬紧牙关挺住，苦难过去，顺境一定会到来；人后天资质的高低看他是否讲求"忠""信"二字，并不是只具有灵活机变的心思；读书人学习的好坏最重要的是看他的品行，不能仅用文章是否做得好来衡量。

评点

福兮祸之所倚，祸兮福之所伏。得到不应得的名利，就像塞翁得马，终会摔断其子之腿；同样，就像塞翁失马，失去的马却领着另一群马跑回来，贫穷只要忍耐过去，必定苦尽甘来。

读书人应做的，即如张载所说："为天地立心，为生民立命，为往圣继绝学，为万世开太平。"以德为本，身体力行。并不是只具有华美的文辞与满腹的心机才能做到。

风俗日趋于奢淫，靡所底止，安得有敦古朴之君子，力挽江河；人心日丧其廉耻，渐至消亡，安得有讲名节之大人，光争日月。

译文

社会风气渐渐变得奢侈荒淫，并且一步步变本加厉，多么希望有一个敦促世人古朴的君子，改善现有的奢靡风气，促使社会恢复原有的质朴；世人已日渐丧失他们的廉耻之心，快到了不知廉耻的地步，多么希望有一个重视名誉和气节的圣人站出来，唤醒世人之心，他的功绩必然万古不没，与日月同辉。

评点

奢侈荒淫是衰亡的祸根，会使天下大乱，兵戈相见，生灵涂炭，其苦尤胜于天灾。如有君子，登高一呼，直斥时弊，唤醒苍生，挽狂澜于既倒，扶大厦之将倾，即是菩萨再世，仙佛重生。

人都有廉耻之心，但大多为名利丧尽。真正的圣人，不仅应出淤泥而不染，更应怀天下为己任，致力万众精神健康，禁病症未入于膏肓之时，惩前毖后，治病救人，定存万世不没之功，德配天地。

人心统耳目官骸，而于百体为君，必随处见神明之宰；人面合眉眼口鼻，以成一字曰苦，（两眉为草，眼横鼻直而下承口，乃苦字也），知终身无安逸之时。

译文

人的思想统领着五官和四肢，是身上各个器官的主宰，所以必须随时随地都保持着清晰明白的心思，才不会出错；人的脸是由眉毛、眼睛、鼻子和嘴组成的，如果将眉毛当做草字头，将眼睛看成是横，将鼻子当做竖，将口接在下面，就成为一个苦字。由此可以知道人的一生没有安定逸乐的时候。

评点

飓风起于萍末，量的积累经常导致质的飞跃。所以无论事情大小，都应当稳妥谨慎地办好。不失礼，不失智，不失德，则心清神明。为人处事，才会从心所欲，不越规矩。

佛说人生活的世界是充满了苦难的世界，对于一个旷达的贤者来说，若以苦为乐，甘于淡泊，苦难的红尘即是天堂。

伍子胥报父兄之仇，而郢都灭，申包胥救君上之难，而楚国存，可知人心足恃也；秦始皇灭东周之岁，而刘季生，梁武帝灭南齐之年而侯景降，可知天道好还也。

译文

伍子胥发誓报父亲与兄长的大仇，借助吴国力量，大破楚军，占领楚国都城郢，鞭楚王之尸。当时的申包胥不满于伍子胥，发誓必使楚国保全，借秦国之兵，使楚国不致灭亡。由此可知，人的意志力是强大的。秦始皇灭东周的那一年，颠覆秦朝创建汉朝的刘邦也出生了；梁武帝灭南齐的那一年，侯景归降梁武帝，但侯景最终也颠覆了梁朝，可知天道循环，报应不爽。

评点

荀子认为人定胜天，那么谋事在人，成败也在人。伍子胥逃亡多年，历尽艰辛，终于复仇，但倒行逆施，人神共愤，终被申包胥将楚国保全。可见，人的意志力虽无坚不摧，但必须存忠扬善，才能无往不胜。

人世有代谢，往来成古今。任何一个朝代都有发生、发展、衰老、死亡的过程，人创造了历史同时也改变着历史。

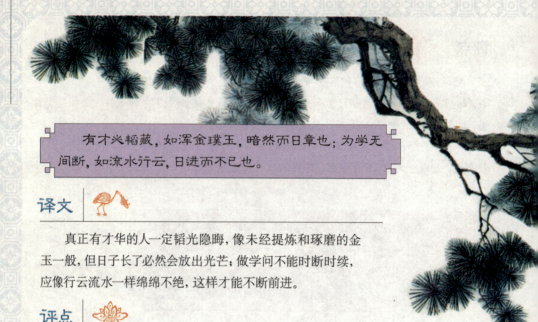

> 有才必韬藏，如浑金璞玉，暗然而日章也；为学无间断，如流水行云，日进而不已也。

译文

真正有才华的人一定韬光隐晦，像未经提炼和琢磨的金玉一般，但日子长了必然会放出光芒；做学问不能时断时续，应像行云流水一样绵绵不绝，这样才能不断前进。

评点

真正有雄才大略的人，并不是锋芒毕露，咄咄逼人，而是能耐寂寞，能笑繁华，韬光隐晦，甘于平淡。唯有这样的人，才能承前启后，终放异彩。

荀子曰：君子博学而日参省乎己。因此，做学问最忌一曝十寒，最贵持之以恒。以勤为径，以苦作舟，将所学用诸实际，身体力行，其进境必一日千里。

> 积善之家，必有余庆，积不善之家，必有余殃。可知积善以遗子孙，其谋甚远也。贤而多财，则损其志；愚而多财，则益其过。可知积财以遗子孙，其害无穷也。

译文

积德行善的家庭，必然留给子孙很多的福泽；多行不善的人家，必然留给子孙灾祸。由此可知积德行善以使子孙受到福泽，是为子孙做的十分长远的打算。有才能而且有许多钱财，就会使他的志向逐渐丧失，愚鲁蠢笨却有许多钱财，就会更加增添他的过失。由此可知，遗留下很多财产给子孙，会造成许多祸害。

菩萨畏因,凡夫畏果。种善因,得善果;种恶因,得恶果。所以古人常以忠厚传家,诗书继世,以礼教于子孙,催其上进,使其向善。这是真正的为后世着想。

才华出众且富有,的确难得,若沉迷其财而丧其志,渐渐也会才、财两空;而粗俗蠢笨且富有者,更会因挥霍无度而人、财两空。财富终有尽时,传给子孙财富不如传给子孙创造财富的能力。

> 每见持子弟严厉者,易至成德;姑息者,多有败行。则父兄之教育所系也。又见有子弟聪颖者,忽入下流;庸愚者,转为上达,则父兄之培植所关也。人品之不高,总为一利字看不破;学业之不进,总为一懒字丢不开。德足以感人,而以有德当大权,其感尤速;财足以累己,而以有财处乱世,其累尤深。

常见到对后辈教育严格的,后辈往往容易成为德才兼备的人;对后辈教育不严的,后辈往往行为不检,败坏家声。这就是因为父兄教育的关系。又常见到有后辈原本十分聪明,后来却默默无闻,转为平庸;有的后辈原本十分愚鲁平庸,但后来却品行极佳,这就是父兄培养的关系。品行卑鄙下流,就是因为看不破一个"利"字;学业没有长进,就是因为懒惰、不勤奋。能够以道德感化他人,并且能够身在高位掌握大权,所能感化的人就越多,财富多到拖累了自己的程度,并且处于动荡的时代,所受到的拖累就越大。

人性本恶。如果没有后天严格的教育和细致精心的栽培,就会更加糟糕。所以,必须严格教育,使其德业双修。

"蓬生麻中,不扶自直;兰槐于泽,众人远之,所立者然也。"有德之人当权,一呼百诺,万众响应,所以其教化的人就愈多;而财富太多且处于乱世,往往遭他人嫉妒而难以自保,常常家破人亡。

读书无论资性高低，但能勤学好问，凡事思一个所以然，自有义理贯通之日；立身不嫌家世贫贱，但能忠厚老成，所行无一毫苟且处，便为乡党仰望之人。

译文

读书不论天资优劣，只要能够勤奋好学，不耻下问，每一件事都仔细地掂量揣摩，一定会有通晓的那一天；立身不用嫌弃出身贫困地位卑下，只要能够踏踏实实、敦厚稳重地待人接物，言行举止光明正大，便足以成为众人的榜样。

评点

读书人所学不应只限于书本，更要付诸实践，超越自我，改造自我，投身大众。资质差的人虽然不能立竿见影，但常存恒心毅力，志于道，行于道，久之必有所成。

做人虽然贫贱却不改其志向，待人接物，发乎赤诚，止于礼义，世情通达，且洁身自好，安贫乐道，即使隐身于人海，其道德修养也必为世人所景仰。

孔子何以恶乡愿，只为他似忠似廉，无非假面孔；孔子何以弃鄙夫，只因他患得患失，尽是俗心肠。

译文

孔子为什么厌恶老好人？就因为他表面上忠正廉洁，其内心却不明善恶，以假面孔示人；孔子为什么看不起没有真学识的人？就因为他私欲太强，只为个人利益计较，一肚子俗心肠。

评点

老好人即伪君子，其可怕犹胜于小人。只因其不明善恶，不辨真伪，似廉而贪，似忠却奸，模棱两可，见利忘义，无丝毫真知灼见，纯粹是害人的假道学。

鄙夫即小人，其喻于利而长戚戚，总想得到又总怕失去，只为个人利益而计较，什么手段都使得出来，最是卑鄙。

> 打算精明，自谓得计，然败祖父之家声者，必此人也；朴实浑厚，初无甚奇，然培子孙之元气者，必此人也。

译文

凡事都斤斤计较、算计他人，能占便宜就占便宜，自己认为很成功，然而败坏祖宗遗留下的好名声的，也一定是这个人；质朴诚实且温柔敦厚的人，开始并不让人感到有什么奇特的表现，然而培植后世福泽子孙的，也一定是这个人。

评点

己所不欲，勿施于人。换言之，即己所欲施于人。可见，做人一定要有一种舍的精神，这种付出也一定会有回报，即德业的积累。

具有真知灼见的人，对子孙的培养，就是对道德的培养。教子孙为人之本，子孙以其为榜样，其家业也必然长久。

> 心能辨是非，处事方能决断；人不忘廉耻，立身自不卑污。

译文

心中能辨明事情的利弊，才能在处理事情时刚毅果断；人能不忘廉耻，立身处事自然就不卑贱下流。

天下之事，不论巨细，都难逃情理二字。所以具有真修养的人，明是非，通情理，晓大义，必然刚毅果决。

　　人与禽兽最根本的区别就在于人有廉耻之心。丧失廉耻之心，就会猪狗不如，卑鄙下流就是必然的了。

　　忠有愚忠，孝有愚孝，可知忠孝二字，不是伶俐人做得来；仁有假仁，义有假义，可知仁义两行，不无奸恶人藏其内。

译文

　　有一种"忠"是愚行，即愚忠；有一种"孝"是愚行，即愚孝。由此可知，"忠"与"孝"，太过聪明的人是做不了的。"仁"也有虚假的"仁"，"义"也有虚假的"义"，由此可知，仁义之士中，也不是没有奸诈邪恶的人藏于其内。

评点

　　尽忠尽孝，一定发于赤诚之心，至情至性。太过聪明的人，往往太重得失。由此"为人谋而不忠，事父母不竭其力"，常打小算盘，谋一己私利，成为事实上的愚人。

　　君子知仁义之后，能扩充仁慈的胸襟，更能够容人、爱人；小人知仁义后却往往背叛仁义，行为不苟。但久而久之，善恶自分。

　　权势之徒，虽至亲亦作威福；岂知云烟过眼，已立见其消亡；奸邪之辈，即平地亦起风波，岂知神鬼有灵，不肯听其颠倒。

译文

玩弄权势的人，即使在至亲好友面前也要作威作福，哪知道权势不久长，便即刻见到消亡；奸恶邪僻的人，就算在太平盛世也要为非作歹，哪知天地间始终有鬼神明断，其恶行终会受到惩罚。

评点

小人得志，常颠倒乾坤，作威作福，为何？只因其色厉内荏，精神空虚，以此满足虚荣之心。岂知富贵好比浮云，聚散无常。得志之小人，虽苟逞一时之威，但必为世人所鄙弃。

天道有常，不为尧存，不为桀亡。奸佞之徒虽能兴一时之风浪，但魔高一尺，道高一丈，邪不胜正，浩气长存，是千古以来颠扑不破的真理。所以，奸佞之徒的最终归宿永远是玩火自焚。

> 自家富贵，不着意里，人家富贵，不着眼里，此是何等胸襟；古人忠孝，不离心头，今人忠孝，不离口头，此是何等志量。

译文

自己富贵显达，却并不将它放在心上，他人富贵显达，也并不羡慕和嫉妒，这是多么宽阔的胸怀和气度！把古人的"忠""孝"放在心中，时刻不忘身体力行，对现代人尽忠尽孝的行为交口称赞，这又要多么大的志向和气量才能做到？

评点

富贵对君子来说只是一种生活情态，而不是生活的最高目的。所以君子"富贵如可求，虽执鞭之士亦为之"。如不可求，从其所好，求学志道，视繁华若敝屣，常存光风霁月之心。

真正的忠孝，心存之，体行之，至诚至敬，致其身，竭其力。进而以天下为己任，关爱苍生，救人苦难。其虽如桃李不言，却亦必下自成蹊。

> 王者不令人放生，而无故却不杀生，则物命可惜也；圣人不责人无过，惟多方诱之改过，庶人心可回也。

译文

做君主的不需要让人多多放生，但是并不让人无缘无故杀生，这样就会使天下人珍惜生灵；圣人不要求人一点过错也没有，只是当人犯了错误时，用尽办法使其认识错误，改正错误，只有这样，才会使人心由恶转善。

评点

文景之治时，监狱中几乎没有犯人；贞观之治时，每年被判极刑的，不过三数人。而汉、唐也是中国历史上最强大的帝国。由此可知，真正的王者施仁政，使民以时，才能万众归仁，天下归心。

真正的圣人，关怀万民疾苦，致力道德文明。扭转每况愈下的世风，平定人心不古的状态，使民明是非，晓大义，永享万世太平。

> 大丈夫处事，论是非，不论福祸；士君子立言，贵平正，尤贵精详。

译文

大丈夫在处理事情时，只问是否正确，不想对自己带来的是福还是祸；读书人在著书写文章时，最重要的是公平公正，如果进一步力求精细详尽，就更加可贵了。

评点

孟子曰：富贵不能淫，贫贱不能移，威武不能屈，此之谓大丈夫。可见，大丈夫行事，但求无愧于自心，不惭于天地。义所不为，虽刀斧加颈亦不为之；义所当为，虽千万人吾往矣。

《史记》何以成史家之绝唱，无韵之《离骚》？只因微言大义，文辞优美，公平公正。太史公何以成万世文章之楷模？只因其呕心沥血，一丝不苟，力求精详。

> 存科名之心者，未必有琴书之乐；讲性命之学者，不可无经济之才。

译文

存有追求功名利禄心思的人，不一定有琴棋书画的乐趣；讲求生命等形而上学问的人，不应该没有经邦济世的才能。

评点

李斯被斩时，对儿子说："现在我就算是想领你牵着黄狗出东门去溜达都不能了。"这是对富贵荣华一场空的多么怅惘的哀叹！连天伦之乐都享受不到，更不必说琴棋书画之趣了。

不论哪一个人，其真正价值都是其社会价值。只有社会才能检验和体现人生价值。所以，投身于社会，服务于大众的人，才是真正的学者，才是最有价值的人。

> 泼妇之啼哭怒骂，伎俩要亦无多；惟静而镇之，则自止矣。谗人之簸弄挑唆，情形虽若甚迫；苟淡而置之，是自消矣。

译文

　　泼妇又哭又闹、恶语相加的蛮横花样也不过就那几样，只要静下心来，任她蛮横，不去理会，就自然会终止吵闹；奸恶之人搬弄是非、颠倒黑白，那种情况和形势虽然像是十分紧迫，但只要淡然处之，不放在心上，流言必自动消失。

评点

　　关在笼子里的狗，每见生人经过都要乱吠一阵。当人走远，恶狗觉得自己的叫声已失去了意义，便会停止狂嚎。泼妇与恶狗最大的共同点就是其种种劣行都不过是做给人看，证实自己的存在而已。

　　是错永不对，真永是真。如此，应放得开些来看世情。虽众口铄金，积毁销骨，但时间是最好的见证，且公道自在人心，流言必自生自灭。所以古人云：沉默是金，雄辩是银。

> 　　肯救人坑坎中，便是活菩萨；能脱身牢笼外，便是大英雄。

译文

　　肯竭尽全力救助处于困境中的人，便如同菩萨再世；能不受种种教条束缚，脱身物外的人，足以称之为大英雄。

评点

　　世情为何凉薄？少雪中送炭，救助危难之人。所以不论是帝王将相，还是市井平民，能急人之难，拨人之苦，即为菩萨。

　　唯大英雄能本色，不论是富贵还是贫贱，不论是显达还是卑微，都能保持平淡之心。不为外物所扰，才能无欲则刚。

> 　　气性乖张，多是夭亡之子；语言深刻，终为薄福之人。

脾气性情怪僻或暴躁的人，多半是短命之人；讲话太过挖苦尖刻的人，一定没有什么福分。

性情乖张的人，缺乏道德修养。不是和他人过不去，就是和自己过不去。久而久之，为周围环境所不容，不伤人，便伤己，最终夭折。

山间竹笋，嘴尖皮厚腹中空。牙尖口利之人，往往缺乏真学问和真涵养，且自以为是，常见罪于他人。不容人者必不为他人所容，尖刻到头什么也没有得到，福分极浅。

> 志不可不高，志不高，则同流合污，无足有为矣；心不可太大，心太大，则舍近图远，难期有成矣。

一个人的志向不能不高远，志向不高远，就容易为不良环境影响，不能有所作为；一个人的野心不能太大，如果野心太大，就会舍弃切实可行的事，追逐远不可达的目标，很难有所成就。

管夷吾举于市，孙叔敖举于海。如果这二人一点高远的志向都没有，相信管仲依然是一个做小买卖的，孙叔敖一辈子也只是个力工而已。所以眼光和志向都要放远一些，这样才会有所发挥，有所创造，有所作为。至少可以生活得充实，而不是庸庸碌碌。

野心是一种极度膨胀的欲望。野心太大，人的理智就会丧失，从而好高骛远，终于一无所成。

贫贱非辱，贫贱而谄求于人者为辱；宝贵非荣，宝贵而利济于世者为荣。讲大经纶，只是实实落落；有真学问，决不怪怪奇奇。

译文

贫贱并不是什么可耻的事，可耻的是贫贱却去谄媚奉承他人，求得施舍。富贵也并不是什么值得荣耀的事，值得荣耀的是利于他人，利于时代。讲大的原则道理，必然是明白实在；具有真正的学问，决不会怪诞不经。

评点

贫穷而不为穷所困，始终保持淡泊之心，安贫乐道；富贵而不为富不仁，始终急人之难，达己达人。即如孔子所说：贫而乐，富而好礼。此人便是真君子、大丈夫。

绚烂之极归于平淡。无论是道德、文章还是为人处事，平淡朴实总是最高境界。所以真正的圣人总是脚踏实地、兢兢业业的经世治国。

古人比父子为乔梓，比兄弟为花萼，比朋友为芝兰，敦伦者，当即物穷理也；今人称诸生曰秀才，称贡生曰明经，称举人为孝廉，为士者，当顾名思义也。

译文

古人把父子比喻成乔梓，把兄弟比喻为花萼，把朋友比喻为芝兰，敦睦人伦的人，由此便可推见人伦之理；现在的人称读书人为秀才，称太学生为贡生，称中了科举的举人叫孝廉，读书人应该从这些名称中明白自己应该做些什么。

评点

挺拔的乔梓，枝繁叶茂，父为主干，子为枝叶，父慈子孝，才能抵挡风雨；花与萼同根而生，相映相趣，兄为花，弟为萼，兄友弟恭，才不会夭折；芝幽兰馨朋友之情，如芝如兰，肝胆相照，悠远绵长。

称读书人为秀才，为明经，为孝廉，循名思义，读书的目的不是博取功名利禄，而是明事达理，修德行善。

> 父兄有善行，子弟学之或不肖；父兄有恶行，子弟学之则无不肖；可知父兄教子弟，必正其事以率之，无庸徒事言词也。君子有过行，小人嫉之不能容；君子无过行，小人嫉之亦不能容；可知君子处小人，必平其气以待之，不可稍形激切也。

译文

父辈兄长有好的行为，晚辈学来可能不像；父辈兄长有坏的行为，晚辈学来却没有不像的。由此可知长辈教导晚辈，一定要先端正自己的言行。君子有了过错，小人出于嫉妒便不能宽容他；君子没有过错，小人出于嫉妒仍不能容他。可以知道君子与小人相处时，一定要平心静气地对待他，不能过于激烈地指责他们。

评点

望子成龙，可怜天下父母心。更可怜者，整日对子女絮絮叨叨仁义道德，而自己却唯利是图，鸡鸣狗盗，又怎么能絮叨出一条龙呢？身教重于言教，为人父母者，慎之，戒之。

君子坦坦荡荡；小人苟里苟且。君子以浩然之气笑立天地之间，无耻小人的闲言碎语又算得了什么呢？

> 守身不敢妄为，恐贻羞于父母；创业还需深虑，恐贻害于子孙。

译文

立身处事不敢胡作非为，是怕使自己的父母蒙受羞辱；创立事业时一定要深思熟虑，以免种下祸根，使子孙受到危害。

评点

就像男人最怕在自己心爱的女人面前出丑一样，一个孝子最怕品行有缺而使父母蒙羞。虽然爱情与亲情有所区别，但都是因为爱，又怎敢做出遭世人唾骂的龌龊事来。

业有不同。有益国益民的千秋伟业，有祸国殃民的残暴恶业。创伟业者，功在当今，享誉百世；造恶业者，涂炭生灵，遗臭万年。岳飞精忠报国，秦桧卖国求荣，秦桧又怎能不百世伏跪其下？

> 无论做何等人，总不可有势利气；无论习何等业，总不可有粗浮心。

译文

不论做哪一种人，都不能有势利之心；不论从事哪一种工作，都不应该轻率不定。

评点

势利之人，往往像富贵人家的狗，见到有财势的人，必摇头摆尾，以示谦恭仰慕；见到穷人，定恶口相向，以显尊贵殊荣。岂不知，他只是一条狗而已。

粗者，轻率鲁莽；浮者，躁动不安。以此粗浮之心立身处世，多为败局。欲成就一番事业者，必须先磨炼出坚毅、谦恭的心性。

> 知道自家是何等身分,则不敢虚骄矣;想到他日是那样下场,则可以发愤矣。

译文

知道自己的才干能力,就不敢妄自尊大;想到不发愤图强的后果是多么惨淡,就该努力奋发。

评点

青蛙未出井底之时,只知天如井口;夜郎尚未出使国外之际,自诩为宇内第一疆域;河伯未见海若之前,自以为天下之美尽在于己。此三者,皆见笑于大方之家。其若自知,何敢妄自尊大?

仲永幼善辞赋,天资卓越,却不奋勉,终成庸碌之辈;项羽骁勇善战,锐不可当,然其为学,常半途而废,终自刎于乌江。其若发愤,何至于斯?

> 常人突遭祸患,可决其再兴,心动于警励也;大家渐及消亡,难期其复振,势成于因循也。

译文

平常人突然遭到大变乱、大灾祸,仍可以再振雄心,因为突来的灾祸使他的心得到惕励;如果一个群体渐渐衰败便难以期待他能振作起来,因为颓靡的风气已经养成,无法改变。

评点

司马迁枉受宫刑,惨遭折磨,然不自弃,发愤著书,终成《史记》这一光辉巨著;越王勾践,卧薪尝胆,时刻惕励,终成复国大业。可见,逆境最能砥砺一个人。

洪水已泛滥,堤坝又怎能存在?唯有任其吞噬一切。颓废的风气一旦养成,更如洪水猛兽,国破家亡便也在劫难逃了。因此,齐家治国者不可不防。

> 天地无穷期，生命则有穷期，去一日，便少一日；富贵有定数，学问则无定数，求一分便得一分。

译文

天地永远存在，生命却有尽头，过去一天，便少了一天；富贵有命运注定，学问却没有极限，用功一分，就会得到一分。

评点

茫茫天地之间，人的生命何其卑贱渺小？天地永恒，人生几何。生命因柔弱而显可贵，却争斗于名利场，挣扎于欲望海，无异于戕害、自杀。

富与贵，贫与贱，是命定，是私见。富而空虚，无乐可言；贫而乐道，其乐无穷。

> 处事有何定凭，但求此心过得去；立业无论大小，总要此身做得来。

译文

做人处事没有一定标准，只要心中无愧就可以了；创立事业不论大小，只要自己能够做好。

评点

纵然卑鄙是卑鄙者的通行证，高尚是高尚者的墓志铭，也宁愿"无愧于天地良心"成为自己的墓志铭，而绝不卑微如鼠一样地通行。

事业无大小，职位无高卑，只要用心去做便无遗憾。好高骛远，舍小贪大，必会因力不从心而一事无成。

> 气性不和平，则文章事功，俱无足取；语言多矫饰，则人品心术，尽属可疑。

译文

不能心平气和地待人处事，那么，这个人做学问和做事上也没有什么可取之处；语言虚伪造作，那么这个人的品德和心性，都令人感到怀疑。

评点

读其文如观其人，观其人便知其文。情性乖张、刻薄之人的笔下，怎能生出自然流畅的妙文呢？同样，尖酸、粗鄙之人又怎能成就大事业？

子曰："巧言令色鲜矣仁。"对信口雌黄、满嘴仁义之人，应避之如蛇蝎。

> 误用聪明，何若一生守拙；滥交朋友，不如终日读书。

译文

被聪明所误，倒不如一生谨守愚拙；随便交朋友，倒不如整天闭门读书。

评点

大智若愚。真诚、朴实、随遇而安是大智慧；钻营、取巧、哗众取宠是小聪明。小聪明者一生投机、忙碌，终被聪明所误；大智若愚者平凡、淡泊，但却一生平安。

真的朋友是患难时的肝胆相照，寂寞时的理解慰藉。这样的朋友一生难遇，即使有幸得遇，也难终日聚首切磋。当痛苦、寂寞之时，最易觅得的益友是书，而绝不是趋炎附势的狐朋狗友。

看书须放开眼孔，做人要立定脚跟。

译文

看书应该放开心胸，去接受知识和观念；做人要踏踏实实，站稳立场，把握好原则。

评点

读书不应只读自己感兴趣的，应广泛涉猎，兼收并蓄，构筑自身智慧的一生。

世上没有空中楼阁。做人如果站不直，行不正，没立场，无原则，很难立于天地之间。

严近乎矜，然严是正气，矜是乖气；故持身贵严，而不可矜。谦似乎谄，然谦是虚心，谄是媚心；故处世贵谦，而不可谄。

译文

庄重看似傲慢，然而庄重出于正气，傲慢出于乖戾的习气；所以为人应该贵在庄重，而不可傲慢。谦虚看似谄媚，然而谦虚是待人有礼而不自满，谄媚是出自于献媚讨好之心；所以处世应该谦虚，而不应谄媚。

评点

傲慢是知识贫乏的伪态，庄严是圆满智慧的自然流露；谄媚是愚蠢的私欲驱使下的愚蠢行为，结果是赔了夫人又折兵；谦虚是坦荡的胸怀，包罗天地万物的充盈，一生安然自适。

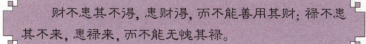

> 财不患其不得，患财得，而不能善用其财；禄不患其不来，患禄来，而不能无愧其禄。

译文

不怕得不到钱财，就怕得到了而不能将之善加使用；不怕得不到俸禄，就怕得到了而不能无愧于这份俸禄。

评点

吝啬鬼战战兢兢保守其钱，一生胆颤心惊；好施者广布其财于民，一世坦然自若。暴发户炫耀其财于花天酒地之间，最终负债而亡；清逸淡泊者，虽身居陋室，心田的富饶却是终生独享。

赃官、贪官虽广厦千万，却惶惶不可终日；清官、好官虽一贫如洗，却享誉百世。

> 交朋友增体面，不如交朋友益身心；教子弟求显荣，不如教子弟立品行。

译文

交朋友如果是为了增加自己的面子，倒不如交一些有益身心的朋友；教导子孙后代追求荣华富贵，倒不如教导他们做人应有的品格和行为。

评点

朋友有真假。真心真意的朋友是心交，是神交，是两颗挚爱的心灵的碰撞。此等朋友，人生得一足矣；假仁假义的朋友是矫情，是无情，是得意时的趋炎附势，失意时的烟飞云散，有此等朋友，不如一生孤独。

孩子是天真、无邪、活泼、可爱的，然而世态炎凉，人心不古，耳濡目染，熏之既久，即使孔夫子再世，又如之奈何！

君子存心，但凭忠信，而妇孺皆敬之如神，所以君子落得为君子；小人处世，尽设机关，而乡党皆避之若鬼，所以小人枉做了小人。

译文

　　君子处世，只求尽心尽力，忠诚信实，连妇女孩童都敬若神明，所以君子之为君子并不枉然。小人立身社会，到处设计投机，因此乡里之人都避之如避恶鬼，所以小人还是白做了小人。

评点

君子光明磊落，忠诚信实。对人对事无不尽心尽力，与朋友交无不言而有信。久之，必得众人爱戴敬仰。

小人品行低劣，常搞阴谋诡计。有利可图，必全力以赴而图之，置他人利益于不顾，可谓不择手段。久之，必然势单力孤，枉费心机，为众人所不齿。

> 求个良心管我，留些余地处人。

译文

希望有一个良知时常约束自己，与人相处时要留出一些余地。

评点

人的一生，从十又五而志于学到七十从心所欲不逾矩，每时每刻，无不在经历着历练。从纯真到沧桑，从简单到丰富，没有坚定的志向和崇高的人格的约束，只能半途而废。

做学问即是做人。不仅应在诗书的净土中放开心胸，更应在俗世的秽土中展开眼界，宽以待人。这样的人，才是真正有学问的人。

> 一言足以召大祸，故古人守口如瓶，惟恐其覆坠也；一行足以玷终身，故古人饬躬若璧，惟恐有瑕症也。

译文

一句话足以招来大祸，所以古人说话十分谨慎，恐招杀身之祸；一件错事足以使一生清白变成污点，所以古人守身如玉，就怕自己出现一点错误。

评点

言语给人的伤害，有时比拿着刀子杀人还令人痛苦。古往今来，单是"众口铄金，积毁销骨"，就已经害死了无数的人，更有甚者，一言丧邦，牵涉的人就更多了，所以，言语要谨慎。

拂去玉上的尘灰，玉仍是好玉。但是如果玉打碎了，再拼凑起来，便不再是一块好玉，至少不是一块完整的玉。由此可知，做人一定要谨慎行为，免得一失足成千古恨。

> 颜子之不较，孟子之自反，是贤人处横逆之方；子贡之无谄，原思之坐弦，是贤人守贫穷之法。

译文

颜子不与人计较，孟子退而自省，是有道德的人与蛮横之人相处的办法；子贡不谄媚富人，子思坐着弹琴自娱，是有道德的人自守贫穷的方法。

评点

贤者与横逆之人相处，或敬而远之，或一笑置之，或退而自反，如若与其针锋相对，便不是贤者了。

贫困往往令人深省，参悟到以往所得不到的东西，增进自身修养。即所谓：宝剑锋自磨砺出，梅花香自苦寒来。所以，真正的贤者安贫乐道。

> 观朱霞，悟其明丽；观白云，悟其舒卷；观山岳，悟其灵奇；观河海，悟其浩瀚；则俯仰间皆文章也。对绿竹得其虚心；对黄华得其晚节；对松柏，得其本性；对芝兰得其幽芳；则游览处皆师友也。

译文

观赏红霞，领悟到明亮灿烂的生命；观赏白云，领悟到卷舒自如的姿态；观赏山岳，领悟到它的灵动奇伟；观赏河海，领悟到它的浩瀚无边；那么，天地之间都是文章。看到绿竹，想到它的虚心；看到菊花，想到它的气节；看到松柏，想到它的傲岸；看到芝兰，想到它的芬芳；那么，在游览玩赏的时候，处处也都是良师益友。

评点

境随情迁，情因境移。失意时，夕阳西下，叹生命之迟暮；云聚云散，叹人生之无常；山雨欲来，叹世态之炎凉；狂涛怒吼，叹人生之渺小。对虚竹鄙其腹空，对秋菊感其凄冷，对松柏觉其苍凉，对兰草厌其脆弱。得意时，朱霞灿烂，白云舒展，山岳灵秀，河海浩瀚，绿竹清虚，松柏伟岸，芝兰芳馨。苦哉！悲哉！若以自然之心观自然之境，云是云，山是山，海是海，秋菊无晚节亦不凄冷，松柏非伟岸更不苍凉，兰草不芳不馨亦不脆不弱。则俯仰间皆自然，游览处更自然也。

> 行善济人，人遂行以安全，即在我亦为快意；逞奸谋事，事难必其稳便，可惜他徒自坏心。

译文

做好事帮助他人，他人也就得到保全，而自身也感到高兴；使用奸计，狡诈图谋，事情也一定不会那么容易，最后他奸计不成，反留恶名。

评点

存善念，行善事，利人利己；萌恶念，造恶业，害人害己。天理昭彰，善必有善安，恶必有恶果。

不镜于水，而镜于人，则吉凶可鉴也；不蹶于山，而蹶于垤，则细微宜防也。

译文

不以水为镜，而以人为镜，那么吉祥凶祸便可以昭示；不在高山上跌倒，而在小土丘上跌倒，那么可知越是细小的事越应该防范。

评点

前事不忘，后事之师。历史人物的成败得失不胜枚举。退而自省，择其善者而从之，择其不善者而改之，就得到了真知和经验，自然也就懂得了趋吉避凶之道。

千里之堤，溃于蚁穴；星星之火，可以燎原。事物虽然细小，如不加注意，即生祸端。所以，做人做事，须谨言慎行，防微杜渐。

凡事谨守规模，必不大错；一生但足衣食，便称小康。

译文

凡事只要谨慎恪守一定规程模式，一定不会出大错。一辈子只要衣食充足，便能称得上小康。

评点

无论何事，"其所由来者，渐矣"。因为一个长存的模式，必然经过一定考验，强行将之推翻，只会酿成大错。

对于一个人来说，一生衣食无忧，便是幸福，为何？世上饥寒交迫，垂死挣扎之人，何其多也！与之相比，理应大幸！

十分不耐烦，乃为人大病；一味学吃亏，是处事良方。

译文

　　对人对事不能忍受麻烦，是做人的大缺点。对任何事都抱吃亏态度，是处理事情的最好方法。

评点

　　常人行事，往往虎头蛇尾，皆因修养不够，气性不平。古语有云：学问深时意气平。不为世事所动，专心凝神，方有成就。

　　有利就有弊，有得便有失。常人时时慨叹，时运不济，命运多舛，实则是患得患失。生死有命，富贵在天。关键之处，是不为其所动，得也好，失也好，只要常存光风霁月之心，何处有苦？又有什么吃亏占便宜之分呢？

> 　　习读书之业，便当知读书之乐；存为善之心，不必邀为善之名。

译文

　　把读书当做终生事业的人，就应当懂得读书的乐趣；抱着做善事之心的人，不必求"善人"的名声。

评点

　　好之者未若乐之者。孔子学《易》，韦编三绝，三月而不知肉味，可见深解义趣。读书做学问，没有对书的喜爱和乐趣，也只会是：学而时习之，不亦苦乎。学而无乐，等于白学。

　　善离开了真，就是伪善，也就是丑。心存名利，善事做得再多，也仍然是伪善。伪善之人，或可锦上添花，却绝不会雪中送炭，是真小人。

> 　　知注日所行之非，则学日进矣；见世人可取者多，则德日进矣。

译文

　　知道自己往日所做有不对的地方，那么学问就能日渐充实；看到他人可学习的地方多，那么道德也一定日益增进。

评点

　　梁武帝曾说：吾五十而方知四十九之非。随着岁月的不断流逝，学问的不断积累，人生的境界也就随之更高一层。

　　"择其善者而从之，其不善者而改之。"他人为我镜，善恶美丑毕现。善者、美者从之，恶者、丑者改之，则德识日进矣。

> 敬他人，即是敬自己；靠自己，胜于靠他人。

译文

　　敬重他人，就是尊重自己；依靠自己，远胜于依赖他人。

评点

　　没有自己，他人依旧存在；而没有他人，自己未必活得下去。不尊敬他人，也就没有他人对自己的尊敬，自尊也就无从谈起。

　　温室中的花草经不得风霜雨雪，而荒原中的杂草却野火烧不尽，春风吹又生。靠大树庇护而生活的人，迟早会被无情的生活吹折。

> 见人善行，多方赞成；见人过举，多方提醒，此长者待人之道也。
> 闻人誉言，加意奋勉；闻人谤语，加意警惕，此君子修己之功也。

译文

见到他人有良善的行为，多去赞誉他；见到他人有过失的行为，多去提醒他，这是长者待人处事的方法。听到他人对自己赞美，更加勤奋勉励；听到他人对自己毁谤，更加留意言行，这是君子修养自己的功夫。

评点

长者待人，应如春风化雨，俯仰之处皆是甘霖，使后辈茁壮成长，成栋梁之材。

君子修己，应有"举世誉之而不加劝，举世非之而不加沮"的定力。不因一时之飞短流长而气馁，不为一时的赞誉奉承而冲昏头脑。

奢侈足以败家；悭吝亦足以败家。奢侈之败家，犹出常情；而悭吝之败家，必遭奇祸。庸愚足以覆事；精明亦足以覆事。庸愚之覆事，犹为小咎；而精明之覆事，必见大凶。

译文

浪费足以使家道颓败；吝啬也一样会使家道颓败。浪费而败家，还出于常理；而吝啬败家，一定遭到意想不到的灾祸。愚笨足以使事情失败；而太过聪明能干也足以使事情失败。愚笨的人坏事，只是个小过失；精明的人坏事，事情就很严重了。

评点

奢侈足以败家，却多少有点豪气，而吝啬鬼只能是金钱的奴隶。悭吝之人，一方面残酷无情地盘剥他人，一方面胆战心惊地守护其财，即使金银财宝无数，也与废铜烂铁无异。

凡夫俗子即使做了错事，其危害不至于危及众生。而手握重权之人，若做了错事，就可能使人民利益受到损害。

种田人，改习尘市生涯，定为败路；读书人，干与衙门词讼，便入下流。

译文

种田的人，改学做生意，一定会失败；读书人，若专替人打官司，品格便入下流。

评点

种田之人改做生意，倒不见得定会赔本。赔本的是本无做生意天分的种田人。因此，人之做事，应有自知之明。

读书人的使命是为天地立心，为生民立命。若一纸辩词，能使冤者得诏，罪者伏诛，则是真读书人；若舞文弄墨，贪人钱财，使无罪者蒙冤，有罪者逍遥，则是恶讼棍，是读书人的败类。

常思某人境界不及我，某人命运不及我，则可以自足矣。常思某人德业胜于我，某人学问胜于我，则可以自惭矣。

译文

常常想到有人环境还不如自己，有人命运也不如自己，就能够知足了。常常想到有人道德品质比自己强，有人学问比自己高，就应该感到惭愧。

评点

人生在世，不如意事十之八九。如常叹息，常愤懑，常指天骂地，常顾影自怜，生有何欢？若有食可果腹，有衣可蔽体，有屋可挡雨，有书可读，有友可谈，此生又有何憾呢？

读《论语》公子荆一章，富者可以为法；读《论语》齐景公一章，贫者可以自兴。舍不得钱，不能为义士；舍不得命，不能为忠臣。

译文

读《论语》有关公子荆的那一章，可以让富有的人效法。读《论语》有关齐景公那一章，贫穷的人可以为之奋发。舍不出钱财，就不能成为义士；舍不出性命，就不能成为忠臣。

评点

贫穷时，不怨天，不尤人，以勤劳的汗水去耕耘；富有了，不炫耀，不奢侈，不吝啬，愿施舍。甚至为正义、真理，不惜牺牲身家性命，这样的人实在难得。

富贵易生祸端，必忠厚谦恭，才无大患；衣禄原有定数，必节俭简省，乃可久延。

译文

财富与显贵，都容易招来灾祸，一定要忠诚宽厚地待人，才不会发生灾祸；一个人的富贵是有限数的，所以一定要节用俭省，才能够福贵久长。

评点

不贵难得之货，使民不为盗。树大招风，才大招妒，只有忠诚宽厚、谦谨恭敬地待人，一生才能平安。

大自然馈与人类的资源是有限的，挥霍浪费，过度攫取，必遭大自然的无情惩罚。

作善降祥，不善降殃，可见尘世之间，已分天堂地狱；人同此心，心同此理，可知庸愚之辈，不隔圣域贤关。

译文

做好事得好报，做恶事得恶报，可以想见在尘世中，已经有天堂与地狱之分了。人的心相同，心中所具理性亦相同，可以知道，就算是愚鲁平庸的人，也不会被阻在圣贤的境地之外。

评点

修桥补路瞎双眼，杀人放火子孙全。行善未必有善报，行恶未必有恶报，大英雄常被斩头颅，大奸贼常得以享天年。然而万世流芳是英雄，遗臭万年为贼子。前者后世称道、赞美、惋惜，后者却令后世切齿、痛骂、唾弃。

骐骥一跃，不能十步；驽马十驾，功在不舍。所谓圣贤，也只不过是以恒常的毅力，专注的精神学而不懈，从而达到人生之大境界。人虽鲁钝，但若拿出愚公移山、精卫填海之大气力、大决心，又有什么做不到的呢？

和平处事，勿矫俗以为高；正直居心，勿设机以为智。

译文

为人处事要心平气和，不要故意违背世俗，自命清高；平日存心要公正刚直，不要处处设立机巧，自作聪明。

评点

人可以有个性，有性格，若有独到之处，亦可以惊世骇俗。却不可自命清高，沽名钓誉。

人间正道是沧桑，唯沧桑方显英雄本色。刚正者，善人、恶人都心中敬服。

> 君子以名教为乐，岂如嵇阮之逾闲；圣人以悲悯为心，不取沮溺之忘世。

译文

君子应该是以钻研圣人之教为乐事，怎么能像嵇康、阮籍一样放浪形骸？圣人抱着悲天悯人的胸怀，并不像长沮、桀溺一样避世独居。

评点

生逢乱世，人不如狗。阮籍、嵇康、长沮、桀溺，皆是不得已。否则，以其才情，定能建功立业。如按常理而言，孔子当活百岁。但一生入世，扶已倾之大厦，挽已倒之狂澜，虽是以卵击石，却更显其对民、对国之至爱至情之性。放眼古今，唯孔圣人能知其不可为而为之。

> 纵容子孙偷安，其后必至耽酒色而败门庭；专教子孙谋利，其后必至争赀财而伤骨肉。

译文

放纵子孙图取安逸，以后一定会沉迷酒色而败坏门风；专门教导子孙谋求利益，子孙必定会因争夺财产而彼此伤害。

评点

今为父母者，或以工作繁忙为由，对子女疏于管教，甚至极少爱抚；或以独此一子为原因，过于溺爱、纵容。如此不负责任，备感"后生可畏"。

谨守父兄教诲，沉实谦恭，便是醇潜子弟；不改祖宗成法，忠厚勤俭，定为悠久人家。

译文

谨慎遵守父辈兄长的教诲，待人笃实谦虚，就是一个敦厚的好子弟；不擅自修改祖宗遗留下来的教训和方法，忠诚淳朴、勤劳俭省地持家，家道一定会历久不衰。

评点

父兄之教，不外做人之道。如父兄为败类，且将阴沉虚伪杂于谦虚之中，那后世子孙也一定要谨学之成为败类？祖宗之法若落后于时代，仍要恪遵敬守？

莲朝开而暮合，至不能合，则将落矣；富贵而无收敛意者，尚其鉴之。草春荣而冬枯，至于极枯，则又生矣；困穷而有振兴志者，亦如是也。

译文

莲花早晨开放到晚间便合起来，到不能合起时，就快要凋落了。富贵而不知收敛的人，最好能够由此作为借鉴。草木在春天时欣欣向荣而到冬天时便枯萎了，到最枯萎时，就又到了春天。身处穷困环境却有大志的人，也应当像这草木一样。

评点

世上最富贵之人，莫如帝王。先世之帝王，莫不勤政爱民，减徭减赋；末世之帝王，无不沉溺酒色，横征暴敛。先主将天下休养生息，使天下太平，而后世却搅得民不聊生，怨声载道，最终大好河山白白断送。

人生一世，贫富几何。苏秦困于财货，然不自困。头悬梁、锥刺股，终于挂六国相印，意气风发，否极泰来。处困穷而有振兴志者，应如王勃所说：穷则益坚，不坠青云之志。

> 伐字从戈，矜字从矛，自伐自矜者，可为大戒；仁字从人，义字从我，讲仁讲义者，不必远求。

译文

"伐"字右面是"戈"，"矜"字左面是"矛"，自夸自大的人，可以从这两个字上得到启示，引以为戒；"仁"字左边是"人"，"义"（義）字下边是"我"，讲求仁义，不必求诸远方，只要有人有我，就可实行。

评点

一只青蛙鼓起肚子对小蛙说：我有没有牛大？小蛙说：没有。于是青蛙努力将自己的肚子再鼓大一些，结果肚皮撑爆，一命呜呼。这只青蛙，便是自高自大者的最好写照。

仁，关爱他人之义；义，使他人离苦得乐之义。仁、义是人与人相处的根本，失此二者，人类将会何其凄冷、残酷。

> 家纵贫寒，也须留读书种子；人虽富贵，不可忘稼穑艰辛。

译文

纵使家境贫困寒伧，也须要供养子女读书；虽然已有家财万贯，也不能忘记种田的辛劳艰苦。

评点

"心血"二字，只有父母之爱才能当得。尤其寒家，一生劳苦，费尽心血，供养子女读书，不外乎是让下一代过得比自己好罢了，哪有什么其他的奢求，然而多少辛酸血汗凝聚其中。

谁知盘中餐，粒粒皆辛苦。今日之富贵，实是几代人之血汗结晶。如若忘本，大肆挥霍，实是大逆不道。

> 俭可养廉，觉茅舍竹篱，自饶清趣；静能生悟，即鸟啼花落，都是化机。一生快活皆庸福，万种艰辛出伟人。

译文

节俭可以养人廉洁的品性，就算住在茅屋，也觉得有清新的趣味。安静能够使人领悟一些东西，即使是鸟啼花落，也都是造化的生机。能够一辈子快乐地活着，这只不过是平常人的福分；经历万般艰难险阻，才能成就一个伟人。

评点

静以修身，俭以养德。无论是穷困还是富贵，无论在远山幽谷还是在繁华尘世，拥有淡泊而宁静的心绪，才能体会到真切的生活，才能体悟大自然的生机。

人的一生是苦乐各半，不可能一生快活。而曾经风霜雨雪，曾经艰难险阻的人的一生倒是更有滋味。

> 济世虽无资财，而存心方便，即称长者；生资虽少智慧，而虑事精详，即是能人。

译文

虽然没有足够的金钱资助世人，但只要处处给人方便，就是一位有德的长者；虽然天资不够聪明，但考虑事情精明详细，就是一个能干的人。

评点

自家虽一贫如洗，却常存济人之心者，必有后福。

人的天资是不等的。但鲁钝之人只要有志气，不放弃，那么在毅力和恒心的字典里，就没有翻不过的山和趟不过的河。

> 一室闲居，必常怀振卓心，才有生气；同人聚处，须多说切直话，方见古风。

译文

在家里闲散居处时，一定要常怀策励的心志，才能显出活泼的气氛；与别人相处时，应该多说正直的话语，才是古人的风范。

评点

曾读《陋室铭》，至"苔痕上阶绿，草色入帘青"一句，顿觉生机勃发，其盎然之姿浮于眼前，栩栩如生。可见之心胸、气魄，不是世人能与之媲美。

同学、同事、好友相聚，闲侃闲聊，无拘无束，也是人生一大趣事。生活要轻松，何必太紧张。义正辞严并不适于此等场合。

观周公之不骄不吝，有才何可自矜？观颜子之若无若虚，为学岂容自足？门户之衰，总由于子孙之骄惰；风俗之坏，多起于富贵之奢淫。

译文

看到周公对他人既不骄傲也不鄙吝，有才能的人怎么可以自高自大？看到颜回不断学习进取，做学问怎么能够自认满足？一个家族的衰败，总由于后辈子孙的骄傲懒惰；社会风俗的败坏，大多数因为过度讲求物质的奢侈浮华。

评点

有才能的人，不可以有骄纵和鄙吝之心。颜回并未因为孔子的夸奖而"自足"。而且"有才若无才，若无若虚"，经常不断学习，取人之长补己之短，因为他们知道"三人行，必有我师焉"。做学问是永远没有止境的。

治学如是，治家如是，治国亦如是。大凡一个家族的衰落，都是由子孙的骄横懒惰引起，大凡一个王朝的衰落，都是由王孙贵族的腐化堕落引起的。治国者当鉴。

孝子忠臣，是天地正气所钟，鬼神亦为之呵护；圣经贤传，乃古今命脉所系，人物悉赖以裁成。

译文

孝子和忠臣，都是天地之间的正气凝聚而成的，所以连鬼神都对他们加以呵护；圣贤的经书史略，是从古至今维系社会人伦的命脉，每个人的成败得失，都以它的标准来衡量。

评点

孝子、忠臣，其可悲之处，便是不为天地所钟爱，不为鬼神所呵护。否则为何岳飞就义风波亭，文天祥遭厄零丁洋？

前人栽树，后人乘凉。古之圣经贤传，正是前人栽种的一株参天大树，后人如不精心呵护，迟早要枝枯叶落。

> 饱暖人所共羡，然使享一生饱暖，而气昏志惰，岂足有为？饥寒人所不甘，然必带几份饥寒，则神紧骨坚，乃能任事。

译文

吃得饱穿得暖是人人都希望的，然而假使一个人一生吃得饱穿得暖，却精神昏沉、怠惰，怎么能有作为？忍受饥饿寒冷，是人们最不希望的，然而一定要忍受几分饥寒，就会神气抖擞，精神坚强，才能担当大事。

评点

饱暖而失志者如温室之花，经不起风吹雨打，只能在恒定的温度、舒适的环境中自开自落，不知秋冬。其不知，不经风吹雨打，哪有真正灿烂、鲜艳、娇媚的生命力？

饥寒却使奋起者如寒冬腊梅。欺风傲雪，铁骨铮铮，而其花亦在众芳摇落之时始露蓬勃之色，实是花中铁汉！牡丹之富贵，兰草之幽芳，皆差之远矣。只有腊梅，方可称花中君子。

> 愁烦中具潇洒襟怀，满抱皆春风和气；暗昧处见光明世界，此心即白日青天。

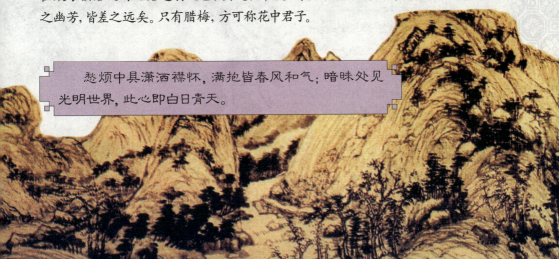

译文

在忧愁烦恼中仍然具有豁达、洒脱的胸怀，那么，心情便能如春风一样一团祥和气息；在昏庸蒙昧的环境中保持光明的心境，那么内心就像白日青天般明亮无染。

评点

"竹杖芒鞋轻胜马，谁怕？一蓑烟雨任平生。"世事之沧桑、艰难，并不是叹息、愤怒、忧愁便可以解决的。更重要的是，不应该因为一时的失意而堕落颓废。"山重水复疑无路，柳暗花明又一村。"人生无时无刻不存在着新的生机。拨开心中乌云，即见白日青天。

> 势利人装腔做调，都只在体面上铺张，可知其百为皆假；虚浮人指东画西，全不向身心内打算，定卜其一事无成。

译文

势利的人装模作样，只知道在表面上铺扬，可以知道他的所作所为都是虚假的；虚浮的人言不及义，东拉西扯，完全不从自己的内心下功夫，一定可以料到他做什么事都不会成功。

评点

阿基米德曾说：如果给我一根足够长的杠杆，再给我一个支点，我可以撬起整个地球。势利之人的真理是：如果给我一个足够势利的理由和足够吹嘘的条件，我可以向任何人炫耀。

所谓虚浮，并不是说其无才无德，而是指其无志向、无毅力，即使是天才也会成为蠢才。

不忮不求，可想见光明境界；勿忘勿助，是形容涵养功夫。

译文

内心坦荡，随缘无争，就可以想到一个人心境多么光明；不忘培养正气，想尽办法助其成长，是涵养的功夫。

评点

功名富贵，如过眼烟云，拨云见日，天地何等光明正大。

效法天地，养育万物功成而弗居的精神，涵养功夫才最具足。

数虽有定，而君子但求其理，理既得，数亦难违；变固宜防，而君子但守其常，常无失，变亦能御。

译文

运数虽有一定，但君子只求所做的事合理，如果能合理，便不会违背理数；变乱固然应该防范，但君子持守常道，只要常道不失去，怎样的变化都能抵御。

评点

人生是否存有定数？答曰：无。如说有者，定为颓靡不振、愚昧麻木之人。百二秦关应属楚，但楚王沉溺酒色，断送了大好河山。三千越甲可吞吴，勾践卧薪尝胆，终成复国大业。可见，人事尚需人去努力做。

天下之变，蕴藏于每时每刻之中。或渐变，或突变，对于自然的变，不应强开倒车，而应当从做人的根本去适变，从而达到"从心所欲而不逾矩"的境界。

和为祥气，骄是衰气，相人者不难以一望而知；善是吉星，恶是凶星，推命者岂必因五行而定。

译文

平和是吉祥之气，骄傲是衰败之气，看相的人一眼便能看出，并不困难。善良是吉星，恶毒是凶星，算命的人哪里一定需要五行才能论定呢？

评点

孔子曰：视其所以，观其所由，察其所安，人焉廋哉。意思是说，看一个人平时的行为、做事的方式和他平时安于什么，人的个性便一览无遗。以此法相人，则真真假假、善善恶恶一览无遗。

人生不可安闲，有恒业，才足收放心；日用必须简省，杜奢端，即以昭俭德。

译文

人活世上不能安逸度日，有了长久的事业，才能够将本心收回；日常生活一定要俭节，杜绝奢侈的习性，就能昭示节俭的美德。

评点

百丈怀海禅师至老仍"一日不做，一日不食"。他告诉我们：人活着，首先要有价值，否则就是行尸走肉。如此亦可知，静以修身，并不是安逸闲适的等死。

居家切要在"勤俭"二字，做长辈的，一言一行皆是后辈典范。如自身便有勤俭美德，不必对后辈喋喋不休，后辈便一定能为之潜移默化，受益终生。

成大事功，全仗着秤心斗胆；有真气节，才算得铁面铜头。

译文

能够成就大事业的人，完全依仗着坚定的信心和卓越的胆识；真正有气节的人，才可能算得上是铁面无私，不畏权势。

评点

铮铮铁骨不是与生俱来的，是经风历雨、出生入死历练而来。不屈服于困境，不畏惧于险阻，于淫威前不变节。这样的人，即使在有生之年未能完成他的伟业，也是值得当世和后世之人佩服的。

但责己，不责人，此远怨之道也；但信己，不信人，此取败之由也。

译文

只责备自己，不埋怨他人，这是远离怨恨的方法；只相信自己，不相信他人，这是做事失败的主要原因。

评点

人与人相处，难免磕磕碰碰。遇纷争，退而自省己之过，争执自然平息。何必争得头破血流，于人于己都无益。

"不信命，信自己"的人是大赢家，"不信人，信自己"的人是大输家。前者是自信，后者是自负，是刚愎自用。如项王，至死仍不肯回头，曰："天之亡我。"简直愚蠢之极。

> 无执滞心，才是通方士；有做作气，便非本色人。

译文

　　没有固执滞制的心绪，才是通达的人；有矫揉造作的气性，便不是本色之人。

评点

　　应无所住而生其心，虽非常人所能，但只要为人处事不偏执己见，多为他人着想，就是事理通达的人。

　　山岳之挺拔，湖光之旖旎，松柏之苍翠，月色之清幽，其美妙之处在于真实、自然，毫无造作。

> 耳目口鼻，皆无知识之辈，全靠着心作主人；身体发肤，总有毁坏之时，要留个名称后世。

译文

　　眼、耳、口、鼻，都不是能够思想的东西，全靠着这颗心来作它们的主宰；身体发肤，总有腐烂损坏的那一天，要留一个好名声让人称颂。

评点

　　耳图妙音，目贪美色，口馋佳肴，鼻恋芳香，如此无心无肺地活着，与行尸走肉无异。

　　身可断，头可掉，人的良知、尊严不可丧。至于身后留名与否，更不必放在心上了。

> 有生资，不加学力，气质究难化也；慎大德，不矜细行，形迹终可疑也。

译文

天资很美好，如果不加以学习，气质还是很难有所改进的。只在大行为上面留心谨慎，却在小节上不加以爱惜，到底让人对他的言行不能信任。

评点

没有清冷的寒冬，就不会有怒放的腊梅；没有飒飒的秋风，就不会有孤高的黄菊。没有后天铁砚磨穿，寒毡坐破的砥砺，也不会有学识一日千里的境界。玉不琢，不成器，再好的天资，不经努力，到头来也只能是块庸材。

人可以不拘小节，洒洒脱脱。却不可以在一言一行中丧失德行。德行的修养和学识的积累一样，是靠平时点点滴滴的小事积累而成。小事无成，临危处难时，必无大德。

世风之狡诈多端，到底忠厚人颠扑不破；末俗以繁华相尚，终觉冷淡处趣味弥长。

译文

世俗的风气不论怎样狡诈多变，忠厚正直的人也不会流于俗套，但却被世人作为典范。近世的习俗以繁华为崇尚的对象，但还是觉得寂静清淡的日子更加耐人寻味。

评点

都觉忠厚老实者好欺，却不知上当受骗者都是狡诈贪图蝇头小利之人。忠实无私者，不会受骗。

乱哄哄你方唱罢我登场，反认他乡是故乡。得势时门庭若市，失势时门可罗雀，苦不堪言。真正懂得人生的人，最能耐寂寞，最能自享孤独，也活得最津津有味。

能结交直道朋友，其人必有令名；肯亲近耆德老成，其家必多善事。

译文

能结识交往正直的朋友，这种人也一定有好名声；肯亲近那些年高有德的人，这样的家庭也一定有很多善事。

评点

观其友可知其人。往来者皆胸怀大志、超逸脱俗者，可知其人也不凡。往来者皆獐头鼠目、卑微蠕蠕之流，可知其人也不过如此。

年轻人总觉老年人迂腐、顽固。对新知识的领纳而言，老年人确不如年轻人，但对人生的体验，世事的洞察方面，年轻人需向老年人请教。

为乡邻解纷争，使得和好如初，即教化之事也；为世俗谈因果，使知报应不爽，亦劝善之方也。

译文

为乡里邻居排解纷争，使他们和好像最初一样，这便是教化的行为。为世俗之人谈因果报应，使他们懂得善恶到头终有报的道理而一心向善，也是劝人为善的方法。

评点

教化之事，原本在生活中的一饮一啄、一哭一笑之间。能使众人和睦相处，一心向善，使民风归于淳朴，民心归于自然，此人功德无量。

发达虽命定，亦由肯做功夫；福寿虽天生，还是多积阴德。

译文

一个人的飞黄腾达虽然是命运注定，也是由于肯下工夫去争取；一个人的福禄寿命虽然是上天主宰，但还是要多做善事以积阴功。

评点

命既然是天定，就由天去劳神吧。人间的事却需人来做。成功也好，失败也好，飞黄腾达也好，郁郁不得志也好，只要做了，做过了，生命便不再苍白。

常存仁孝心，则天下凡不可为者，皆不忍为，所以孝居百行之先；一起邪淫念，则生平极不欲为者，皆不难为，所以淫是万恶之首。

译文

心中常存有至仁的孝心，那么天下凡是不该做的事，都不会忍心去做，所以孝是一切行为中应最先做到的；心中一有邪恶淫荡的念头，那么一生之中十分不想去做的事，都不难做到，所以淫心是一切恶行的开端。

评点

百善孝为先。至孝的人，必是大勇之人。如让大勇之人行穷凶极恶之事，简直如空中走马、旱地行船一样不可能。因为其人拳拳赤子之心，清净如水。

万恶淫为首。古语有云：色胆包天。为一色字，倾家荡产，抽筋割肉，乃至丧权辱国，亦有敢为之人，更何况伤天害理之事？此种人之心，好比浸到了猪油里，早已不知是非了。

自奉必减几分方好，处世须退一步为高。

译文

对待自己一定要苛求一些，不要侍候得太好；与世人相处，凡事要退一步想，才是聪明的做法。

评点

衣食足，思淫欲。执著于物欲，必为物欲所困。衣食上减一些，精神却富有了。

退一步海阔天空。方便了他人，成全了自己；尊敬了他人，也就更尊敬了自己。如果凡事都步步紧逼，无异于作茧自缚。

守分安贫，何等清闲，而好事者，偏自寻烦恼；持盈保泰，总须忍让，而恃强者，乃自取灭亡。

译文

持守本分安于清贫，是多么的清闲，而喜欢造事的人，偏偏要自寻烦恼。要想保持现有的成就和平安，总要谦虚忍让，而仗势欺人，就是自取灭亡。

评点

向往生活更富裕一些，是人之常情，也是值得努力去做的事情。若痴心于大富大贵，日日患得患失，则是自寻烦恼。

富而好施，居高位而体恤民情，则其富贵长久。若仗势欺人，终为世人唾弃。

人生境遇无常，须自谋一吃饭本领；人生光阴易逝，要早定成器日期。

译文

　　人生的环境和际遇是无常的，须要自己努力谋求一个吃饭的本领；人一生的时光短暂，应该早日定下远大的志向和目标，在一定期限内成为一个有用的人。

评点

　　不论有多么远大的抱负，首先得活下去。否则，自己都养活不了自己，还谈什么宏图大业。

　　因人生苦短，才更显人生价值的宝贵。去经历风霜雨雪，去搏击狂涛骇浪，去求索世间真善美，才是珍惜生命。

> 川学海而至海，故谋道者不可有止心；莠非苗而似苗，故穷理者不可无真见。

译文

　　河川学习大海的壮阔而汇流于海，所以求学和求德的人不能够有止息的心理；莠草长得像苗却不是苗，所以深究事理的人不能没有真知灼见。

评点

　　学海无涯。勤奋是甘霖，自满是干旱。干旱所至，纵使大江大河亦会断流，何况小溪小流。

　　善与恶，美与丑，是与非，并无泾渭分明的界限，没有明察秋毫的慧眼，很难辨清。

> 守身必谨严，凡足以戕吾身者宜戒之；养心须淡泊，凡足以累吾心者勿为也。

译文

持守节操一定要谨慎严格，凡是足以使自己的操守受到损害的坏习气一定要戒除；修养心性应该淡泊，凡是足以使自己的身心受到累赘的事都不要去做。

评点

于身心有害者戒之，于身心有害的杂念去之。不为财迷，不为利累，不为物役，不为色房，强壮其体魄，淡泊其心绪，乃圆满之人生。

> 人之足传，在有德，不在有位；世所相信，在能行，不在能言。

译文

一个人的名声值得流传，在于有良好的品德，而不在于有多高的地位；世人相信一个人，在于他的行动，不在于他的语言。

评点

秦桧有位，遗臭万年；孔子无位，百世景仰。有位无德，位不长久，有德无位，一样留芳；有德有位，功德圆满。

行动是最好的语言。善言者，眉飞色舞，高谈阔论；慎言者，深思熟虑，果敢行动。

> 与其使乡党有誉言，不如令乡党无怨言；与其为子孙谋产业，不如教子孙习恒业。

译文

　　与其让乡党对自己称赞有加，不如使乡党对自己没有怨言；与其为子孙留下田产财富，不如教导子孙学习长久谋生的事业。

评点

　　心无芥蒂，胸怀远志，言当言之言，行当行之行，誉与怨，荣与毁，又算得了什么？

　　金山再大，终有尽时，留与子孙，徒增其害。与之为人之道，谋生之计，才是最大的财富。

> 　　多记先正格言，胸中方有主宰；闲看他人行事，眼前即是规箴。

译文

　　多多记住先贤的训辞，胸中才有正确的主见；旁观他人做事的得失，便是行事的法则。

评点

　　有真知灼见者，皆为能破能立之人。先贤的训条，一律不遵守，一定会导致做人的失败，而一律都遵守，也会导致做人的失败。教条是死的，人是活的。

　　学问一道，不仅是书本，更多是生活。生活是我师。

> 　　陶侃运甓官斋，其精勤可企而及也；谢安围棋别墅，其镇定非学而能也。

译文

陶侃在闲暇时依然运砖修习勤劳,这种精勤的态度,是我们可以做到的;谢安在临大敌时,依然在别墅下棋,他的镇定不是学就能做到的。

评点

陶侃之勤,凡人皆能做到,而多数不愿做。只因勤与苦二字如连体姊妹,不可分割,结果因畏苦而苦了一辈子。

谢安之定,非人所能及。因其胸中百万雄兵,常人怎能装得下。

> 但患我不肯济人,休患我不能济人;须使人不忍欺我,勿使人不敢欺我。

译文

只怕我不肯去帮助他人,不怕我不能帮助他人;应该让别人不忍心欺我,而不是使人畏惧我而不敢欺侮我。

评点

常存慈悲之心,予人以爱,拔人之苦,虽能力有限,仅略尽绵薄,也是大大善行;若心存利念,施恩图报,虽也是倾囊相助,亦非善行。

常替他人着想,尊敬人,爱护人,乐善好施,此种人,无人忍心欺之。

> 何谓享福之人,能读书者便是;何谓创家之人,能教子者便是。

译文

什么是能享福的人?能读书的人就是,什么叫善于创立家业之人,能够教导子孙的人就是。

评点

深知书中三昧之人,必是淡泊明志之士。世间苦乐忧愤,皆由心生。没有宁静致远的心性,只为物喜,只为己悲,一生之中,拂不去心中愁云。

家庭的一半是子女,教育好子女,才算建立好一个真正的家庭。而从端屎倒尿到其成家立业,哪时哪刻不浸透长辈忧勤?教子实为人生一大苦事,其苦不在创业之下。

> 子弟天性未漓,教易入也,则体孔子之言以劳之(爱之能勿劳乎),勿溺爱以长其自肆之心。子弟习气已坏,教难行也,则守孟子之言以养之,(中也养不中,才也养不才)勿轻弃以绝其自新之路。

译文

当子弟的天性尚未受到污染,教导他是不难的,因此应以孔子"爱之能勿劳乎"的方式去教导他,而不要太过分溺爱,增长了他放纵的心;当后辈的习性已经败坏,不易教导时,要依孟子"中也养不中,才也养不才"的方式教他,不要轻易地放弃,使他丧失自新的机会。

评点

教子弟,应爱之,导之,使之远离坏习气的熏染。

子弟坏习气已养成,便如悬崖勒马,推一把,即落万丈深渊;拉一把,即回头是岸。做长辈者,只要不放弃,终有浪子回头的一天。

〇六三

忠实而无才，尚可立功，心志专一也；忠实而无识，
※至偾事，意见多偏也。

译文

如果一个人竭尽心力，虽没有什么才能，还是可以立下一些功
劳。如果一个人竭尽心力，却一点见识也没有，一定会产生偏见，将事
情弄砸。

评点

忠实而无才者，远胜才而不忠者。兔龟赛跑中，为什么龟会赢？
只因用心专一。

忠实而无识，便是愚忠，没有辨别事理的能力，常常会被歹人
利用，而做出害人害己的蠢行。

人虽无艰难之时，却不可忘艰难之境；世虽有侥幸
之事，断不可存侥幸之心。

译文

人即使处在顺遂的环境中，却不应忘记人生还有逆境的存在；世
上虽然有侥幸的例子，却不能存有侥幸的想法。

评点

太阳升起又落下，花儿开放又凋零；春去秋来，寒来暑往，人
生就是这样，有风平浪静的港湾，亦有危机四伏的暗礁险滩。

每个人的机遇都是一样的，或早来，或晚来，迟早要来。若存
心侥幸，不思进取，盼得遇良机，使自己时来运转之人，很难有好
运气。

心静则明，水止乃能照物；品超斯远，云飞而不碍空。

译文

心中宁静则自然明澈，水静止的时候才能照见物体；品格高超便能远离物累，就像云飞行于天而不阻碍天空的本色。

评点

心如明镜如止水，物来则应，物去则空，了无滞碍。虽身处燥热之地，心中仍是清风徐徐。

品行高远，如空行云，清逸洒脱，不受物累。

清贫乃读书人顺境，节俭即种田人丰年。

译文

对于读书人而言，清贫才是顺遂的日子；而对于种田的人而言，只要省吃俭用，就是丰收的年头。

评点

读书是为充实自己，修养性情，为天下苍生谋福，而不是贪求荣华富贵。清贫，最宜修身养性。

天之所赐，终有尽时，挥霍无度，是暴殄天物，是对自己劳动的不尊重。

正而过则迂，直而过则拙，故迂拙之人，犹不失为正直。高或入于虚，华或入于浮，而虚浮之士，究难指为高华。

译文

　　太方正就显得不通世故，太率直显得有些笨拙，所以迂拙的人，还不失为正直的人；理想太高有时会成为空想，重视华美有时会成为不实，这两种人到底不能成为真正高明美好的人。

评点

　　迂拙之人，虽不失为正直，终因迂腐、滞塞，而于事无益。

　　虚浮之士，如空中浮云，望之高远，却漂浮不停，居无定所。

　　人知佛老为异端，不知凡背乎经常者，皆异端也；人知杨墨为邪说，不知凡涉于虚诞者，皆邪说也。

译文

　　人们都认为佛家和道教是异端学说，却不知道凡是于常理有所不合的，都是异端学说；人们都认为杨朱和墨翟的说法是旁门左道，却不知道凡是虚妄怪诞的学说，都是旁门左道。

评点

　　佛之慈悲，老子之无为，杨朱之机智，墨子之兼爱，皆是说辞之精华。切不可偏执一方之说，而非他之说，应兼收并蓄，发扬光大。

　　图功未晚，亡羊尚可补牢；浮慕无成，羡鱼何如结网。

译文

　　想有成就，任何时候都不晚，"亡羊补牢"就是一个很好的例证；羡慕是没有用的，希望得到水中的鱼，不如很快地结网。

评点

晋时周处，斩蛟龙，杀猛虎，省自身。由一乡之恶徒而成名传不朽之辈。可见，不分奸恶老幼，如愿自新图强，终会有成。

羡慕他人，常有两种结果，一种是嫉妒，结果越来越赶不上他人；一种是勤勉，最终超凡入圣。因此，临渊羡鱼，不如退而结网。

> 道本足于身，切实求来，则常若不足矣；境难足于心，尽行放下，则未有不足矣。

译文

真理本就存在我们的自身之中，实实在在地去追求，却常常感到无法满足；外界的环境很难令心中的欲念满足，倒不如全然放下，那么也不会有什么不满足的了。

评点

自性本足，何必身外求之。求来求去，非魔即邪。

鼹鼠饮河，不过满腹。过于贪求，只会撑死。

> 读书不下苦功，妄想显荣，岂有此理？为人全无好处，欲邀福庆，从何而来？

译文

读书不肯下苦功，就妄想荣华富贵，天下哪有这种道理呢？做人一点好处都不给他人，自私自利，想要得到福气和喜庆，要从哪里得来呢？

国学一本通

评点

读书若为求荣华富贵，绝无大成就，更何况懒惰、懈怠。

为人自私自利，全不为他人着想，是作茧自缚，自戕自伐，绝无好结果。

> 才觉己有不是，便决意改图，此立志为君子也；明知人议其非，偏肆行无忌，此甘心做小人也。

译文

刚觉得自己有不对的地方，便下决心改正，这就是立志成为君子的做法；明明知道有人在议论自己的缺点，却肆无忌惮，为所欲为，这便是自甘堕落地去做小人。

评点

过而能改，善莫大焉。即使贩夫走卒，若知过而能改，便是君子。即使宗师巨匠，闻过而不改，便是三岁孩童也不如，何谈君子？明知己过，偏肆无忌惮行之，是自甘堕落。

> 淡中交耐久，静里寿延长。

译文

在平淡之中交往的朋友，往往能够持久；在平静中度日，寿命必定绵长。

评点

清澈的溪水因其洁净而平淡无味，真挚的友谊恰如清清溪流，源远流长。

养生之道，在于心性的修炼。遇佳事不忘乎所以，遭恶事不痛不欲生。无大喜亦无大悲，心平气和，则神清气爽，身心两健。

凡遇事物突来，必熟思审处，恐贻后悔；不幸家庭寡起，须忍让曲全，勿失旧欢。

译文

遇到突发的事情，一定要仔细地思考，慎重地处理，以免事后反悔；家中起了摩擦，一定要忍让，委曲求全，不要使过去的感情破坏。

评点

小心驶得万年船。冲动与不慎，是败事的两个重要因素。轻则劳身伤财，累人累己；重则人头落地，家破人亡。所以，处世实应谨慎。

家和万事兴。家不和便将衰败。而家务事，自古清官难断。但一个巴掌拍不响，总有原因。退一步，忍一时，以待风平浪静。

聪明勿使外散，古人有纩以塞耳，旒以蔽目者矣；耕读何妨兼营，古人有出而负耒，入而横经者矣。

译文

聪明不要向外炫耀，古人曾有用棉花塞耳，以玉串障眼来掩饰自己的聪明；耕田读书可以兼顾，古人曾有日出耕作，日暮读书的行为。

评点

聪明就是聪明，不必人前装痴扮呆，更不必人前炫耀、卖弄。

终日埋首浩浩长卷之中，不识五谷，不洞事理，手无缚鸡之力，此等读书人是酸而无用。

身不饥寒，天未曾负我；学无长进，我何以对天。

译文

身不受饥饿、寒冷的痛苦，这是天不曾亏负我；学业没有增长进步，我有何面目去对天的恩赐呢？

评点

对年轻人来说，衣食足，更应努力进取。否则，有何面目见家乡父老。

不与人争得失，惟求己有知能。

译文

不和他人争取名利上的得失，只求自己有智慧和能力。

评点

是非成败，如昙花一现，转头即空。患得患失，难成大事。

为人遁矩变，而不见精神，则登场之傀儡也；做事守章程，而不知权变，则依样之葫芦也。

译文

如果为人只知道循规蹈矩做事，而不知规矩的精神所在，那么就和戏台上的木偶一样；做事如果只知墨守成规，却不知道变通，那么只不过是照样模仿。

评点

画匠和画家的区别在于，画家独具慧眼，创造出了全新的境界；而画匠则循规蹈矩，以呆板的笔触，勾画了一幅平俗的景象。

> 山水是文章化境，烟云乃富贵幻形。

译文

文章就同山水一样，是幻化境界；而富贵就如同烟云一样，是虚无的幻象。

评点

山水是造物的大文章、大手笔。其起承转合之处，或涓涓潺潺，或急转直下，或动而欲出，或引而不发，或巍然傲岸，或浩荡磅礴，令人醉心惊魂，叹服绝倒。

富贵是沙漠中的海市蜃楼。观之富丽堂皇，抚之虚无缥缈，拉不住，找不回，如云如烟，浮光掠影。

> 郭林宗为人伦之鉴，多在细微处留心；王彦方化乡里之风，是从德义中立脚。

译文

郭太鉴察化常的道理，往往在人们不留意的地方留意。而王烈教化乡里的风气，总是以道德和正义落脚。

评点

只要出于挚诚，上敬于父兄长辈，下友于兄弟朋友，夫妻和睦，父慈子孝，倒也不必太拘泥于形式。

义正则辞严，以身作则，方有资格教导别人。

天下无愚人，岂可妄行欺诈；世上皆苦人，何能独享安闲。

译文

天下没有真正的笨人，怎么能肆意去欺诈他人；世上大部分人都在吃苦，怎么能自己独自享受闲适的生活呢？

评点

人可以被骗一时，却不可能被骗一世，再高明的骗术也有被揭穿之时，一但阴谋诡计败露，自食恶果的是妄行欺诈者。

老舍说："生活是工作，不是游戏。是为别人，不是为自己。是牺牲，不是享乐。认清了就能随遇而安；误解了，就必怨天尤人。"可见，虽世上皆苦人，而自己以苦作甜，虽处苦境，而不觉是苦。

甘受人欺，定非懦弱；自谓予智，终是糊涂。

译文

甘受他人欺侮，一定不是懦弱；自认自己聪明，到头还是糊涂。

韩信受胯下之辱，是谓能忍；疆场上叱咤风云，是谓大勇；得势时并不报复小人，是谓大智。胸怀大智之人，怎会把顽童泼皮的无赖行为放在眼里。

自诩聪明者，是最糊涂之举。刚愎自用，哗众取宠，自取灭亡。

漫夸富贵显荣，功德文章，要可传诸后世；任教声名煊赫，人品心术，不能瞒过史官。

译文

夸耀荣华富贵不足为取，应该有留到后代的功德文章；不论声名多么显赫，个人的品行和居心是无法瞒过史官的。

评点

富贵功名如过眼烟云，在历史上留不下一丝痕迹。而天地正气，妙笔佳作，却名传不朽。

神传于目，而目则有胞，闭之可以养神也；祸出于口，而口则有唇，阖之可以防祸也。

译文

人的精神往往由眼睛来传达，而眼睛则有上下眼皮，合起来可以养精神。祸事往往由说话造成，而嘴巴明明有两片嘴唇，闭起来就可以避免闯祸。

评点

所谓"养神","防祸",乃是趋吉避凶、颐养天年之道。也是增进自身修养的方法。但这并不等于放下尘世之苦而远避之,若"义"字当头,我辈应尽己力,纵使微薄;应抛吾身,纵使贫贱。不怕失败,不惧祸来。这才是真君子、大丈夫。

> 富家惯习骄奢,最难教子;寒士欲谋生活,还是读书。

译文

有钱人习惯奢华自大,要教导孩子便成为困难的事;贫穷的读书人想谋生,还是要读书。

评点

富家并不见得多败子,相反,生活富裕,却是获得教育的物质保障。而家贫却是子女成才的大碍。学而优则仕,激励着许多寒家子刻苦攻读,以求得功名富贵,光耀门楣。而真正能如愿以偿者,少之又少。其实,期望通过读书换来富贵,读书的初衷就偏了。

> 人犯一苟字,便不能振;人犯一俗字,便不可医。

译文

人只要有了随便的毛病,这个人便无法振作了。一个人的心性只要流于俗气,就是用药也救不了。

评点

人活于世,若苟且偷安,随波逐流,缺乏独立意识,没有创见精神,则虽生犹死,其生何欢?

有不可及之志，必有不可及之功；有不忍言之心，必有不忍言之祸。

译文

一个人有旁人所不能及的志向，必然能建立旁人所不能及的功业。对人对事发现错误而不忍心去指责、纠正，那么必然会因为不忍心去说而造成祸害。

评点

胸怀远志，并为之兢兢业业，即使未能实现，却一生充实，虽死无憾。

当劝阻之事不加劝阻，做老好人，是谓不忠不义。

事当难处之时，只让退一步，便容易处矣；功到将成之候，若放松一着，便不能成矣。

译文

事情遇到了困难，只要能够退一步想，便不难处理了。一件事将要成功之时，只要稍有懈怠疏忽，便不能成功了。

评点

两只羊迎面走上独木桥，至于桥中，两羊无一退让，由对视而争执，由争执而至对抗，结果，双双堕入深谷。如其中一羊后退，终不至如此。为人处世，当以此二羊为借鉴。

一只乌鸦偷到了一块肉，狐狸说："乌鸦，你的歌声最美妙，能否一展歌喉？"乌鸦心花怒放，乐极而歌，肉坠地下，狐狸叼起便走。乌鸦可能是出生入死才偷到这块肉，而正当将独享时，却被狐狸骗走，功亏一篑，棋输一着，实是可惜！可见，越快到成功之时，越不能放松。

无财非贫，无学乃为贫；无位非贱，无耻乃为贱；无年非夭，无述乃为夭；无子非孤，无德乃为孤。

译文

没有钱财不算贫穷，没有学问才是真正的贫穷；没有地位不算卑下，没有羞耻心才是真正的卑下；活不长久不算短命，没有值得称述的事才算短命；没有儿子不算孤独，没有道德才是真正的孤独。

评点

真正的贫穷是精神上的贫乏，真正的卑贱是人格上的卑贱。真正的命短是生活的苍白，真正的孤单是道德的沦丧。

知过能改，便是圣人之徒；恶恶太严，终为君子之病。

译文

能知道自己的过错而加以改正，那么便是圣人的门徒；攻击恶人太过严厉，终会成为君子的过失。

评点

圣贤也会有过。而正因圣贤过而能改，才不愧于圣贤二字。知过而能改，便与圣贤相去不远了。

子曰：我未见仁者恶不仁者。真正的君子，是爱天下人的人，其有教而无类，有正等正觉之心。

能容纳百川，方能成江海，能藏垢纳污而不为其所染，方能成君子。

士必以诗书为性命，人须从孝悌立根基。

译文

读书人必须以读书作为安身立命的根本；为人要从孝悌上立下基础。

评点

诗书之教，乃做人之本。但没有饭吃，这个根本就要动摇。读书之人应有气节，也应有自立的能力，能养活自己，才算是真正的读书人。

羊有跪乳之恩，鸦有反哺之义。禽兽之情感尚如此真诚，何况我们人类呢？失去孝悌这个做人的根本，便禽兽不如。

> 德泽太薄，家有好事，未必是好事，得意者何可自矜；天道最公，人能苦心，断不负苦心，为善者须当自信。

译文

自身品德不高，恩泽不厚，即使家中有好事降临，未必真是幸运，得意的人哪里可以自认为了不起呢？上天是最公平的，人能尽心尽力，一定不会白费，做好事的人尤其要有自信。

评点

身居高位，尽享富贵者当时时深思：我有何德能居之？

世人通病，乃是急功近利。为善而想立刻得回报，岂不是将"善"看做一种可供交换的商品了吗？施恩不忘报，种善因必结善果。

> 把自己太看高了，便不能长进；把自己太看低了，便不能振兴。

译文

若将自己评估得过高，便不会再求进步；而把自己评估得太低，便会失去振作的信心。

评点

自大的代价是以卵击石，一败涂地，自卑的苦果是萎靡不振，庸碌一生。

古今有为人士，皆不轻为之士，乡党好事之人，必非晓事之人。

译文

自古以来，凡有所作为的人，绝不是那种轻率答应事情的人。在乡党中，凡是好管闲事的人，往往是什么事都不甚明白的人。

评点

言必信，行必果。轻率地承诺别人，不是豪爽，是轻浮。

好事之人，莫过长舌之妇，整日飞短流长，其愚昧，其恶毒，令人痛心疾首。

偶缘为善受累，遂无意为善，是因噎废食也；明识有过当规，却讳言有过，是讳疾忌医也。

译文

偶尔因为做善事受到连累，便不再行善，这就好比曾被食物鲠在喉咙，从此不再进食一般。明明知道有过失应当纠正，却因忌讳而不肯承认，这就如同生病怕人知道而不肯去看医生一样。

评点

　　一个人做件好事容易，难的是一辈子做好事。其实更难的是每时每刻都心存善念。若因做善事而遭非议、遭打击，便心生恶念，所做善事岂不成了恶因。

　　人无完人，谁能无过？过而能改是智举。明知己过，却极力遮掩是蠢行。

> 　　宾入幕中，皆沥胆披肝之士；客登座上，无焦头烂额之人。

译文

　　凡被自己视同可信任的朋友而与之商量事情的人，一定是与自己能相互竭尽忠诚的人。能够被自己当做朋友，在心中有一席之地的人，必然不是一个言行有缺失的人。

评点

　　虽有高山流水曲，钟子期不在与谁听？朋友之交，贵在相知相许，互敬互爱。沥胆披肝，会心之客，皆为知己。试想茫茫宇内，攘攘众生，能相识、相交、相知者为几人？如若存在，真可谓海内存知己，天涯若比邻。纵隔万水千山，亦是足慰平生。

> 　　地无余利，人无余力，是种田两句要言；心不外驰，气不外浮，是读书两句真诀。

译文

　　地要竭尽所用，不能浪费；人要全力耕种，不可偷懒，这是种田要谨记的两句话。心要不向外奔；气要不向外散，这是读书的两句诀窍。

评点

为什么苹果掉在牛顿头上，就会砸出万有引力定律，而砸在我们头上，就只是觉得疼呢？为什么一样做和尚，有的就成为大宗师，而有的只能默默念一辈子经、干一辈子活呢？究其本质，就是缺乏孜孜以求、专心致志的精神，用心不能专一，做事不能尽力，无论读书，还是种田，都无法成器。

> 成就人才，即是栽培子弟；暴殄天物，自应折磨儿孙。

译文

培植有才能的人，使他有所成就，就是教育培养自己的子弟。不知爱惜物力而任意浪费东西，自然使儿孙未来受苦受难。

评点

园丁栽花种树，耗尽心血，而花满园、树成荫之时，即是后世子孙享受德泽之日；长者任贤举能，殚精竭虑，而国富民强之时，亦是子孙享受德泽之日。

奢侈浪费，儿孙看在眼中，记在心底。家大业大，终有衰败一天，而后世之衰败，正因长辈之奢侈。

> 和气迎人，平情应物。抗心希古，藏器待时。

译文

以祥和态度去和人交往，以平等的心情去应对事物。以古人的高尚心志自相期许，守住自己的才能以等待可用的时机。

评点

以平和之心待人接物，便如春风化雨，滴滴皆甘霖，纵使生活中的沟沟坎坎，亦会如履平地；即使山崩海啸，天塌地陷，也能泰然处之。可见平和是高深的修养。

无论在兵荒马乱之际，还是在天下太平之时，首先要做到的就是韬光隐晦，以待大放光芒之时，如诸葛亮，隐于隆中，风花雪月，六出岐山，叱咤风云。

> 矮板凳，且坐着；好光阴，莫错过。

译文

这小小的板凳，暂且坐着；人有许多好时光，不要让它偷偷溜走了呀！

评点

冷板凳、矮板凳，只要坐得心安理得，踏踏实实，但坐无妨。高高在上，众星捧月，固然人生得意，而平平淡淡，清冷寂寞中更易品味人生滋味。

正因人生苦短，生命才显得格外珍贵。人若永远年轻，年轻岂不淡然无味？童年时的无忧，青年时的激情，中年时的奔波，老年时的安然，每一段时光，只要珍惜了，无论过去将来，都弥足宝贵。

> 天地生人，都有一个良心；苟丧此良心，则其去禽兽不远矣。圣贤教人，总是一条正路；若舍此正路，则常行荆棘之中矣。

译文

人生于天地之间，都有天赋的良知良能，如果失去了它，就和禽兽无异。圣贤教导众人，总会指出一条平坦的大道，如果放弃这条路，就如同走在困难的境地中。

评点

人若丧失良心，禽兽不如。人能杀亲生儿女，能杀枕边之人，能杀养育爹娘。没听说禽兽杀死儿女、杀死伴侣和父母。可见丧心病狂者之凶狠，早已超过禽兽。

行正路，步履维艰；舍正路，步履更艰且险。行正路，纵使遍布荆棘，走过去依旧云淡风清；舍正路，纵使光明大道，走过去便是炸人油锅。圣贤之教，乃是教人踏荆棘，可太多的人仍愿选择下油锅。

> 世之言乐者，但曰读书乐，田家乐。可知务本业者，其境常安。古之言忧者，必曰天下忧，廊庙忧。可知当大任者，其心良苦。

译文

世人说到快乐之事，都只说读书和田园生活的快乐，由此可知只要就自身的工作去努力，便是最安乐的境地。古人说到忧心之处，一定都是忧天下苍生疾苦，以及忧朝廷政事败坏，由此可知负重任的人，真是用心良苦。

评点

读书乐、田家乐，乃是至乐。如若天下人皆能享读书之乐、田家之乐，必是天下大治之时。也是天下人都享福泽之日。

天下忧，廊庙忧，乃是至忧。忧天下人之疾苦，忧制度法纪之败坏，此种人身居高位，多能办实事、好事，而庇护苍生。

天虽好生，亦难救求死之人；人能造福，即可邀悔祸之天。

译文

上天虽然希望万物充满生机，却也无法救那种一心不想活的人。人如果能自求多福，就可使原本将要发生的灾祸不再发生，就像得到了上天的赦免一般。

评点

万念俱灰，虽生犹死。而死也不是真正的解脱之路，死亦有憾。天生我材必有用，在痛苦中挣扎，在绝望中拼搏，在孤寂中前行，唯有如此，虽死无憾。

天命由天去管吧，人事要由人来完成。天灾固难防难避，人祸却可避可免。人不作恶，即是造福。

薄族者，必无好儿孙；薄师者，必无佳子弟，君所见亦多矣。恃力者，忽逢真敌手；恃势者，忽逢大对头，人所料不及也。

译文

苛待族人的人，一定没好后代；不尊重师长的人，也不会有优秀的子弟，这种情形您见多了。以为自己力气大，而以力欺人的，必会遇上比他力气更大的人；而凭仗权势压榨他人的，也会遇到足以压过他的人，这都是人想不到的事。

评点

刻薄尖酸、目无尊长、恃强凌弱、仗势欺人者，终必为人欺压、凌辱、轻视和鄙弃。

> 为学不外静敬二字，教人先去骄惰二字。

译文

求学问不外乎"静"和"敬"两个字。要教导他人，首先要去掉"骄"和"惰"两个毛病。

评点

心猿意马，目中无人，为求学之大戒。心不清净，常被外物所扰，学问无以至深。不敬人不敬事，常半途而废，学问不会有成。

骄，即意味失败；惰，即意味无成。如自身既骄又惰，做学问、做人都是失败的，怎样去教导别人呢？

> 人得一知己，须对知己而无惭；士既多读书，必求读书而有用。

译文

人难得有一个知己，在面对知己时应该毫无可惭愧之处；读书人已经读了很多书，总要将学问用之于世，才不枉然。

评点

在茫茫人海、喧喧尘世之中，若觅得一知己，此生何憾？怎敢再愧对于他。若连平生知己都欺诈，这种人的一生实在可怜。

读书有三大境界。面对浩如烟海的书卷，茫茫然不知从何读起；一旦决定读什么书，便头悬梁、锥刺股，孜孜以读；欲读之书已完，掩书而思，循书而行，方悟书之妙用。

以直道教人，人即不从，而自反无愧，切勿曲以求容也；以诚心待人，人或不谅，而历久自明，不必急于求白也。

译文

以正直的道理教导别人，他不听，只要我无愧，千万不要委曲求全，于理有损；以诚心待人，他可能因不了解而误会，久了他自会明白我的心意，不须急着去向他辩解。

评点

见人所行非善，可直言不讳，直指其非；也可晓之理，动之情，循循善诱。无论哪种方式，自心需坦荡无私。情至深处了无痕。以诚待人，并不是表面热情、口头甜蜜，而是自始至终地为他人着想。

粗粝能甘，必是有为之士；纷华不染，方称杰出之人。

译文

能粗服劣食而欢喜受之不弃，必然是有作为的人；能对声色荣华不着于心的人，才能称作优秀突出的人。

评点

不经雨雪，难有葱茏。苦心志，饿体肤，空乏身，以苦为甘，必是天降大任于斯人。

莲花之高洁，因其出淤泥而不染；做人之高洁，因其入繁华而不俗。富贵满堂无喜，孑然一身无嗔，才是本色，才是大丈夫、大英雄。

> 性情执拗之人，不可与谋事也；机趣流通之士，始可与言文也。

译文

性情固执而又乖戾的人，往往无法和他商量事情。只有天性活泼无碍的人，才可以和他谈论文学之道。

评点

性情执拗并不可怕，因其尚有锲而不舍之精神，最可怕的是乖戾而无主见，怎可与之谋事。

文学一道，拘泥不化、顽固呆板者做不来。

> 不必于世事件件皆能，惟求与古人心心相印。

译文

对于世间事不必样样都知道清楚，但一定要对古人的心意彻底了解而心领神会。

评点

圣贤之心，无非是教世人做人之道。世事之纷纭，非人力所能一一洞悉，但做人之道，必须树立。否则，即使有诸葛亮那样的才干，姜子牙那样的神通，也无济于事。

> 夙夜所为，谨毋抱惭于衾影；光阴已逝，尚期收效于桑榆。

译文

每天早晚所作所为，没一件是暗中想来有愧于心的。人生的光阴虽然已经逝去，但总希望在晚年能看到自己一生的成就。

评点

　　无愧于心，是最难做到的。如有人事事无愧于心，此人必是圣人。平凡如我辈，私心大于公心，但只要临道义之前肯割舍，不变节，也就不枉人世一遭了。

　　回首人生，必感慨万千。人一生最大成就是做一个真正的人。不需要做超越世俗的伟大，只要一生无愧天地，即是成就。

> 　　念祖考创家基，不知栉风沐雨，受多少苦辛，才能足食足衣，以贻后世；为子孙计长久，除却读书耕田，恐别无生活，总期克勤克俭，毋负先人。

译文

　　祖辈父辈创业，不知受多少艰辛，经多少努力，才能够衣食暖饱，留下财产给后代子孙；给子孙作长久打算，除读书、耕田外，就没别的了，总希望他们勤俭生活，不要辜负先人。

评点

　　祖先创业的精神应继承，事业却需自己开创。否则，守着大树，坐吃山空，到老时回首自己的一生，岂不乏味？

> 　　但作里中不可缺少之人，便为于世有济；必使身后有可传之事，方为此生不虚。

译文

　　成为乡里不可缺少的人，就是对社会有贡献；死后有为人称道的事，这一生没有虚度。

评点

小事做不来，便不能称经天纬地之才，便不能自诩为济世安邦之人。千里之行，始于足下，无数小事叠加起来，便成大事，有大志者不可好高骛远。

死后元知万事空。留名与否，完全是梦幻罢了。再者，人活一世，但求对得起天地良心，自己没有虚度，便无遗憾，留名与否，可有可无。

> 齐家先修身，言行不可不慎；读书在明理，识见不可不高。

译文

治家首先要将自己治理好，言行方面要谨慎无失。读书目的在明白事理，一定要使自己见识高超而不低劣。

评点

欲正人，先正己；己不正，怎正人？自己男盗女娼，再怎么满口仁义道德，子孙也未必信奉唯唯。而其身正，不令则行，方是治家之本。

学问，在读书和生活中求得。识见不高者，只是困于书本之人；而明经穷理者，必是生活得多姿多彩之人。

> 桃实之肉暴于外，不自吝惜，人得取而食之；食之而种其核，犹饶生气焉，此可见积善者有余庆也。栗实之肉秘于内，深自防备，人乃剖而食之；食之而弃其壳，绝无生理矣，此可知多藏者必厚亡也。

译文

桃的果肉暴露在外，毫不吝啬地给人食，人们食后，会将核种入土中，使其生生不息，由此可见多做善事之人，自然会有遗及子孙的德泽。栗子的果肉深藏壳内，好像尽力保护一般，人们用刀剖开才能吃它，吃完再将壳丢弃，因此无法生根发芽，由此可明白凡是吝于付出的人，往往是自取灭亡。

评点

与人方便，也是自己方便。霸占来的东西，迟早会被别人夺去。不如行个方便，互惠互利，共栖于天地间。

吝啬出于贪心，因贪心而不愿付出，因不愿付出而为铜臭所累。一生恓恓惶惶，死后又分毫带不去。吝啬者，愚蠢之极。

求备之心，可用之以修身，不可用在待人接物上。易得之心，可以用之应物，不可用在读书求知上。

译文

追求完备的想法，可以用在自身修养上，却不可用在待人接物上。容易满足的心理，可用在对环境的适应上，不可用在读书求知上。

评点

对自身修养，应力求完美。待人接物切不可求全责备，应宽宏大度。

物质生活知足常乐，定随遇而安，身无挂碍。而精神生活却要知足常苦。人活一生，皆为名利束缚，只有不辍求知，才能摆脱欲望之海，得到真正自由。

有守虽无所展布，而其节不挠，故与有猷有为而并重；立言即未经起行，而于人有益，故与立功立德而并传。

译文

能守道义不变节，虽对道义无功，却有守节不屈之志，所以和有贡献有作为同等重要；在文字上宣扬道理，虽未以行动加以表现，但已使闻而信者得利，因此和直接建立功德是同样为人传颂。

评点

若无缘尽展胸中抱负，创功立业，则退而自守，洁身自好，为世间保一片净土，也是难能可贵。

孔子奔波列国宣扬其学说，虽未能平息战火，其学说却泽润百世。

遇老成人，便肯殷殷求教，则向善必笃也；听切实话，觉得津津有味，则进德可期也。

译文

遇到年老有德的人，便热心请求教诲，那么这人向善之心必十分深重。听到实在的话语，便觉十分有滋味，那么这人德业进步是可以料想得到的。

评点

向善必应行善，否则是伪善。殷殷求教，却不付诸行动，则德者教导不过耳旁风而已。耶稣身边皆求善之人，然也有一个犹大。主身边都有披着羊皮的狼，人群中又有多少呢？

听实话，不办实事者多矣。不办实事，其德不虚伪吗？

> 有真性情，须有真涵养；有大识见，乃有大文章。

译文

要有至真无妄的性情，先要有真正的修养才能达到；要写出不朽的文章，首先要有不朽的见识。

评点

大喜、大悲、我行我素不是真性情。至性至情之人，对人生有深刻的理解，对他人有深厚的情感，对自身有完美的修养。

真知灼见是大文章，情感的自然流淌是大文章，对自然、人生的感悟也是大文章。总之，所谓大文章就是真情实感的自然流露。

> 为善之端无尽，只讲一让字，便人人可行；立身之道何穷，只得一敬字，便事事皆整。

译文

行善方法无穷，只要讲一个"让"字，人人都可做到。处世的道理何止千百，只要做到一个"敬"字，就能使所有的事情整顿起来。

评点

为善，即是拔人之苦，予人以乐。大到舍身饲虎，割肉喂鹰；小到扶人一把，济人钱财。前者虽难做到，但在他人需要时雪中送炭，使人脱困，何乐而不为呢？

敬业，业必兴旺；敬人，人必敬我；敬事，事必顺利。诚敬之心，是处世做人良方。

> 自己所行之是非，尚不能知，安望知人？古人已往之得失，且不必论，但须论己。

译文

自己的行为举止是对错还不能知道，哪里还希望知道他人对错呢？古人所做的事是得是失，暂且不论，重要的是先明白自己的得失。

评点

子曰：不患人之不己知，患不知人也。反言之，即是不患不知人，就患不知己。自己糊里糊涂，怎能看他人明明白白？

古人得失，皆是借鉴。得，需知其怎样得，怎能得。失，需知其怎样失，因何失。这样，才能正视己过，正视己得。而不必抓人把柄，大放厥词。

> 治术必本儒术者，念念皆仁顾也；今人不及古人者，事事皆虚浮也。

译文

治理国家要本于儒家的方法，主要的原因乃在于儒家的治国之道都出于仁爱宽厚之心。现代人所以不如古代人，乃在于现代人所做的事都不实在，不稳定。

评点

虚者华而不实，浮者心志不坚，事事虚浮，则事事成泡影。

> 莫大之祸，起于须臾之不忍，不可不谨。

译文

再大的祸事，起因都是由于一时不能忍耐，所以凡事不可不谨慎。

评点

小不忍，乱大谋。当忍时不忍，是匹夫之勇。而临大义之时，仍旧猥猥琐琐，便是懦夫。

> 家人长幼，皆倚赖于我，我亦尝体其情否也？士之衣食，皆取资于人，人亦曾受其益否也？

译文

家中老小都依靠我来生活，我是否曾去体会他们心中的情感和需要呢？读书人衣食上完全凭他人生产来维持，是否曾让他人也由那里得到些益处呢？

评点

使父母吃得好，穿得舒适，睡得安稳，仅是孝道的一部分。若不关心他们的情感，和养猫养狗有什么区别？

读书之人，若存贵贱之心，对种田人傲慢无礼，其所学必无所成。

> 富不肯读书，贵不肯积德，错过可惜也；少不肯事长，愚不肯亲贤，不祥莫大焉！

译文

富有的时候不好好读书，在显贵时不能积下德业，错过了这宝贵可为之时实在可惜。年少时不肯敬奉长辈，愚昧却又不肯向贤人请教，这是最不吉的预兆！

评点

穷书生最美慕汗牛充栋之宅，并非贪其富有，而是可惜宅中之书。贫穷之人常互相照顾，因此，肝胆相照的朋友往往是贫贱之交。富贵者花天酒地，一旦落魄，最亲近的人也会弃之而去，正是所谓树倒猢狲散。

目无尊长，必被人鄙弃；刚愎自用，迟早要受挫败。

> 自虞廷立五伦为教，然后天下有大经；自紫阳集四子成书，然后天下有正学。

译文

自从舜令契为司徒，教百姓以五伦，天下自此才有不可变易的人伦大道；自从朱熹集《论语》、《孟子》、《大学》、《中庸》为四书，天下才确立了足为一切学问奉为圭臬的中正之学。

评点

五伦，以现代社会而论，就是上级和下级、父母和子女、兄弟姐妹、丈夫和妻子、同事朋友之间的人际关系。对国家而言，身为领导者，以身作则，体恤下属；为下属者，尽职尽责，忠于职守，则国泰民安。对家庭而言，父母爱护子女，子女孝顺父母，夫妻和睦，兄弟团结，则家庭幸福安宁。对个人而言，与朋友同事相处，坦率真诚，言而有信，则事业兴旺发达。

朱子集四书，本是一个大教育家、大思想家当为之事，却被后代帝王利用于科举考试，严重限制了人的个性的发展，造就了一代代迂腐的道学之士。其可悲之处也是朱子未曾想到的。

意趣清高，利禄不能动也；志量远大，富贵不能淫也。

译文

心意志趣清雅高尚之人，金钱和禄位是无法变易其心志的。志向远大之人，即使身处富贵也不会迷乱心志而陷溺其中。

评点

鸟儿筑巢于森林，不过一枝。清高之人，但求饱暖，怡情逸志。功名利禄，只是累赘。

凤凰非梧桐不栖，非练实不食，非甘泉不饮。一块腐肉怎能将它留住呢？志向远大之人便如凤鸟，富贵荣华在其眼里不过过眼烟云而已。

最不幸者，为势家女作翁姑；最难处者，为富家儿作师友。

译文

最不幸的事，莫过于做有财有势人家女儿的公婆。最难以相处的，就是做富有人家子弟的教师和朋友。

评点

家庭的建立，不是钱、权的交易，而是互依互携，共度余生。如果有所贪图，难免自食其果。

聪慧的学生择师而学，高明的老师择徒而传。但如果已身为人师，应不论富贵、贫贱，有教无类。

> 钱能福人，亦能祸人，有钱者不可不知；药能生人，亦能杀人，用药者不可不慎。

译文

钱能为人造福，也能带来祸害，有钱的人一定要明了这一点。药能够救人，也能够杀人，用药的人不能不谨慎。

评点

钱是人挣的，人是钱的主人。无钱时，不为金钱所动，靠自己双手去创造财富；有钱时，不为金钱所累，用之为自己、为社会和他人造福。否则，因无钱而杀人越贫，因有钱而荒淫无度，则是钱的奴隶。

药是用来治病救人的，在良医手里，毒药亦可救人；在庸医手里，补药也可能致人于死地。因此，救死扶伤之心不可无，更应有高明的医道。

> 凡事勿徒委于人，必身体力行，方能有济；凡事不可执于己，必集思广益，乃罔后艰。

译文

不要凡事都依赖他人，必须亲自去做，才能对自己有帮助。也不要事事只凭自己的意思去做，最好参考大家的意见和智慧，免得后来突然遇到不能克服的困难。

评点

刀不磨，便生锈。时常依赖他人，便越来越懒惰，越来越无能，靠来靠去，靠坏了自己。只有身体力行，方能自立自强。

固执己见，等于自我封闭在狭小空间里，形同井底之蛙。即使出了井口也不能在外界环境中怡然地生存，只好再逃回井底。

> 耕读固是良谋，必工课无荒，乃能成其业；仕宦虽称贵显，若官箴有玷，亦未见其荣。

译文

一边耕种一边读书固然是好方法，一定要学问上不荒怠，才能成就功业；做官虽然高贵显赫，如果为官不清正，也不见得会有什么荣耀。

评点

活到老，学到老，人的一生就是一个自我丰富、自我实现的过程。如果终日为生计戚戚，人生又何乐之有？

位高，世人敬你一时，德高，世人敬你一世。世上贪官，百姓欲其死而痛其生；世上清官，百姓奉之如天神下界。可见，为官之荣耀，不在俸禄，而在人心。

> 儒者多文为富，其文非时文也；君子疾名不称，其名非科名也。

译文

读书人以文章多为财富，而有价值的文章并不是应付考试的文章；有德之人担心死后名声不被后人称颂，而此名声并不是指科举之名。

评点

先天下之忧而忧，后天下之乐而乐。儒者若以天下人之心为心，不论时文还是非时文，都将流传千古。

名声的好坏不在于官位的显赫与否。皇帝的官位可谓至高无上，但能被后人称颂的又有几位呢？人生一世，但求心之安然自在，无愧天地，死后留名与否又有何妨？

> 博学笃志，切问近思，此八字暇放心的功夫；神闲气静，智深勇沉，此八字是干大事的本领。

译文

广泛地吸取学问且矢志不移，恳切地向人请教并深入思考，这些就是收回放逸的心性的功夫；神态安闲，心平气和，智慧深远，胆识卓越，这些是成就大事业应具备的能力。

评点

因为意志坚强，勇于求索，才会学识渊博，谦逊儒雅，才会不为外物所役，外尘所染。因为有大智慧，才能在荆棘遍地的道路上如闲庭信步；因为有卓越的胆识，才能做到泰山压顶不变色。

> 何者为益友？凡事肯规我之过者是也；何者为小人？凡事必徇己之私者是也。

译文

什么样的朋友才是好朋友呢？对于自己所做错事敢于规劝的便是好朋友；什么样的人是小人呢？偏袒自己过失的人便是小人。

评点

人非圣贤，孰能无过？知过能改是君子，能直指己过者，便是自己最好的朋友。

> 待人宜宽，惟待子孙不可宽；行礼宜厚，惟行嫁娶不必厚。

译文

待他人应宽宏大量，而对子孙却不可放任自流。礼节要周到，而办婚事却不一定要铺张。

评点

与人方便，也是与己方便。待人宽宏大度，其实是为自己铺了一条坦途；而纵容子孙，是在将他们推向深渊。

礼是维持人与人和平相处的一种规范，不可不遵守。婚礼则是两个相爱的人向世人宣告一个新家庭诞生的仪式，却不必太过铺张。

> 事但观其已然，便可知其未然；人必尽其当然，乃可听其自然。

译文

事情只看它已经如何，便可推知它将来怎样；人只有努力做完当做之事后，对于结果如何，才可以顺其自然。

评点

花开花落，春去秋来，潮涨潮逝，月盈月缺。昨天的太阳落下今天又照常升起，大自然似乎单调乏味地重复着同一旋律，却不知其中蕴含着多少玄微。亿年前的山川已夷为了平川，亿年后的平川又将如何呢？唯有以自然之心去观照，才会慢慢悟得。

> 观规模之大小，可以知事业之高卑；察德泽之浅深，可以知门祚之久暂。

译文

只要看规模的大小，就可以知道这项事业是宏伟还是渺小；观察德望恩泽的深浅，就可以知道家运是长久还是短暂。

评点

没有规矩，不成方圆。规矩之创立，便可知创业者的心胸是否宏大，思虑是否精详。创大业者，其规矩必然正大精详，立小业者，其规矩难免小器粗浅。

积善成德而神明自佑，并非神明保佑了子孙，而是先辈的高风亮节陶冶了下一代的心性。

> 义之中有利，而尚义之君子，初非计及于利也；利之中有害，而趋利之小人，并不愿其为害也。

译文

行义事会得到利益，而行义事的君子当初并不是为利而行义事；贪图利益会受大害，而贪利的小人当初并不愿遭受其害。

评点

小义有小利，古来游侠剑客因尚义而得衣食。大义有大利，颜回行高义，而得万世景仰。小利有小害，计蝇头利，多为众人所不耻。大利有大害，贪功名富贵者，多身败名裂。

> 小心谨慎者，必善其后，畅则无咎也；高自位置者，难保其终，亢则有悔也。

译文

　　小心谨慎的人，一定有好的结果，因为谨慎就不会轻易做错；高高在上居于高位的人，很难保其终生，因为太高了就容易跌下。

评点

　　若求木长，必固其本；欲流之远，必浚其源。立身处世，一定要时时惕励，步步为营，才不致于摔跤碰壁。

　　人在高处不胜寒，爬得高，摔得痛。身居高位者，应适时寻找下山之路。

> 　　耕所以养生，读所以明道，此耕读之本原也，而后世乃假以谋富贵矣。衣取其蔽体，食取其充饥，此衣食之实用也，而时人乃藉以逞豪奢矣。

译文

　　耕田是为了生存，读书是为了明理，这是耕田和读书的本意，而后世之人却用来当做谋求富贵的手段。穿衣是为了遮羞，吃饭是为了果腹，这是穿衣吃饭的真正用途，而现在的人却借此炫耀富奢。

评点

　　耕田和读书，以今而论，就是工作和学习。工作是为了生存，好的工作业绩会有好的回报，好的回报又会提高生存的质量。学习是为了求发展，提高自身的修养，提高精神生活的质量。

　　得体的穿戴不仅能御寒、蔽体，更能展示人的内在自然之美，而刻意打扮，则扭曲了人内在的美。饮食不仅能果腹，更是人类独有的一种文化，如若过分地讲排场，则未免太庸俗了。

人皆欲贵也，请问一官到手，怎术施行？人皆欲富也，且问万贯缠腰，如何布置？

译文

人都奢望显贵，试问一旦做了官，要用什么方法施行使民安居乐业？人都奢望富有，请问一旦腰缠万贯，如何来用这些钱呢？

评点

贵不是比别人高贵，而是一种使别人生活得更好的能力。富不是腰缠万贯，而是能为社会创造更多的财富。富贵可以去追求，却不可贪图。

呻吟语

第一卷 内 篇

❀ 性 命 ❀

> 正命者，完却正理，全却初气。未尝以我害之，虽桎梏而死，不害其为正命。若初气凿丧，正理不完，即正寝告终，恐非正命也。

译文

所谓正命指的是完成了人生使命而寿终，这样的人完满地保持了正理，保持了人生之初禀受的元气。假如正理和元气没有因个人受到损害，虽然被囚禁而死，同样可以称之为正命。若是最初禀受的元气流失了，正理不完备，即使是寿终正寝，恐怕也不能称作正命。

评点

古书多分内、外篇。大抵表达宗旨的列为内篇，有所发挥的列为外篇。《呻吟语》即如此。这一章讲的是性命。儒家孟子首先谈性命的关系，认为命是在人事之外的天所决定的，而性则是天道在人或物身上的具体体现。东汉王充区别性命，以性指人性，以命指人的命运。后统称人的生命为性命。

孟子说过："尽其道而死者，正命也；桎梏死者，非正命也。"吕坤在这个基础上进一步发挥，认为只要是保持了正理和元气而死，都可以视为正命。人生一世，不在于能否寿终，而在于是否死得其所。这样，人是如何死的并不重要了，重要的是生命的价值、生命的意义。

德性以收敛沉着为第一。收敛沉着中，又以精明平易为第一。大段收敛沉着人怕含糊，怕深险。浅浮子虽光明洞达，非蓄德之器也。

译文

品德操守中以收敛沉着为第一。收敛沉着中，又以精明平易为上。收敛沉着之人大多怕含糊，怕深险。肤浅之人虽然表面光明洞达，但决不是有高尚品德的人才。

评点

做人沉着不放纵固然好，然而过头了则会失去原则，不辨是非，令人感到深不可测。当然，肤浅也决不可取。可见，什么事都要掌握好一个"度"字。

真机真味要涵蓄，休点破，其妙无穷，不可言喻，所以圣人无言。一犯口颊，穷年说不尽，又离披浇漓，无一些咀嚼处矣。

译文

真机真味一定要含蓄，别点破，这样就奇妙无穷，不可言传，所以有"圣人无言"这一说。否则一犯口舌，终年也说不完，加之众说纷纭、言辞刻薄，就没有任何可品味之处了。

评点

艺术作品贵在含蓄，做人也是这个道理。含蓄能少许多是非，也给人以想象的空间。

兰以火而香，亦以火而灭；膏以火而明，亦以火而竭；炮以火而声，亦以火而泄。阴者所以存也，阳者所以亡也，岂独声、色、气、味然哉！世知郁者之为足，是谓万年之烛。

译文

兰草因被火点燃而发出香气，也因火的燃烧而熄灭；灯油因被火点燃而发光，也因火的燃烧而耗尽；炮因被火点燃而发声，也因火的燃烧而停息。阴者因郁而不发得以保全，阳者因锋芒毕露而消亡，岂止声、色、气、味是这个道理呢！世人要是知道蕴结含蓄便能充实满足，那就像有一枝万年不灭的明烛指引着他的人生之路。

评点

通篇讲的是郁而不发的益处。应注意的是，切不可走向其反面，"事不关己，高高挂起"或"万事不出头"。

火性发扬，水性流动，木性条畅，金性坚刚，土性重厚，其生物也亦然。

译文

火的特性是发扬，水的特性是流动，木的特性是条畅，金的特性是坚刚，土的特性是重厚，由这五行生发出来的物质也自然具有五行的特性。

评点

　　五行指的是金、木、水、火、土五种物质。我国古代思想家认为世间万物由五行构成，人也如此。所以人也应具有发扬、流动、条畅、坚刚、重厚的特性。否则，人便是不完美的：缺少火性的人委靡，缺少水性的人固执，缺少木性的人迟滞，缺少金性的人软弱，缺少土性的人轻浮。

　　命本在天，君子之命在我，小人之命亦在我。君子以义处命，不以其道得之不处，命不足道也；小人以欲犯命，不可得而必欲得之，命不肯受也。但君子谓命在我，得天命之本然；小人谓命在我，幸气数之或然。是以君子之心常泰，小人之心常劳。

译文

　　人的命运本是上天注定的，但君子的命运在于自己掌握，小人的命运也在于自己掌握。君子按照道义的原则对待命运，不以非正义的手段去改变自己的处境，所以并不把命运的好坏放在心上；小人用私欲去违犯命运，不能得到的却一定要得到，不肯接受上天安排的结果。但君子所说的命运在于自己，是得到了天命的本来真性；而小人所说的命运在于自己，是将希望寄托在改变命运的偶然性上。因此君子的内心常常是安宁的，小人的内心常常是劳碌的。

评点

　　同样都是要掌握自己的命运，但因境界不同，手段不同，所以君子和小人的心态也不同。眼睛是心灵的窗户。看人的眼神，往往能分出人品的高下：君子的眼神是祥和的，因为他的内心安宁；小人的眼神是躁动的，因为他的内心劳碌。

❀ 存心 ❀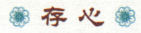

> 心要如天平，称物时物忙而衡不忙，物去时即悬空在此，只恁静虚中正，何等自在。

译文

心灵要像天平那样，称量物体时物动而衡杆不动，撤去物体时就让它悬空在那里，保持清虚中正，那是何等自在。

评点

这一章讲的是存心。存心，即居心、想法，也是用心思考的意思。

在繁忙喧嚣的社会中，要想保持身心的健康，有两点必须做到：第一是要心静，有公平心，有清醒心，不被外界的干扰所打动；第二是要心理平衡，不攀比，不懊悔，热爱生活，乐观向上。只有这样，才能有真正的"自在"。

> 心放不放，要在邪正上说，不在出入上说。且如高卧山林，游心廊庙；身处衰世，梦想唐虞；游子思亲，贞妇怀夫，这是个放心否？若不论邪正，只较出入，却是禅定之学。

译文

心灵放浪不放浪，要从邪道与正道上说，不在出入上说。比如隐居在山林中，心里惦记着朝廷上的事；生活在衰落的时代，向往着重现唐尧虞舜的盛世；远游的浪子思虑父母，贞洁的妇女怀念丈夫，这都是放失在外的心灵吗？假若不讲邪正，只计较放失没放失，那就成了佛家的禅定了。

评点

儒家的"收放心"，并不是说心里不能有任何思虑或牵挂，只要是正道就行。这和佛家的观点不同，佛家的禅定是要排除一切杂念，包括正当的思虑或牵挂。所以说儒家是入世的，佛家是出世的。

> 一念收敛则万善来同，一念放恣则百邪乘衅。

译文

一个念头收敛约束了则会产生万种善念，一个念头放纵恣肆了则百种邪端将会乘虚而入。

评点

人的内心有善良的一面，也有丑恶的一面，关键是如何把握。放下屠刀，立地成佛。但放纵自己的结果，很可能会一失足成千古恨。

> 目中有花，则视万物皆妄见也；耳中有声，则听万物皆妄闻也；心中有物，则处万物皆妄意也。是故此心贵虚。

译文

眼睛上有了花点，再看万物都是虚妄的景象；耳朵里有了声音，再听万物都是虚妄的杂音；心中先有了想法，那么再去处理万物就都会是虚妄的见解了。所以人心最可贵的就是一个"虚"字。

做事看人不应先入为主。有一个清静虚无的心态,容易客观地处理问题。

> 忘是无心之病,助长是有心之病。心要从容自在,活泼于有无之间。

译文

淡忘是无心造成的,助长是有意的行为。因此心要保持从容自在的状态,活泼于说有也有、说无也无之间。

评点

世人把无心之人称做没心没肺,视有心人为活得累。所以既不要把什么事都不放在心上,也不要把任何事都看得过重。

> 宁耐是思事第一法,安详是处事第一法,谦退是保身第一法,涵容是处人第一法。置富贵、贫贱、死生、常变于度外,是养心第一法。

译文

宁静和耐心是思考事情的最好方法,安定和周详是处理问题的最好方法,谦逊和退让是保全身家性命的最好方法,涵养和宽容是处世为人的最好方法。将富贵、贫贱、生死、变化等置之度外,是修养身心的最好方法。

评点

前一句谈的是处世的方法，后一句谈的是养生的方法。一般来说，处世得体，养生也能得法；养生得法，处世也能得体。二者相得益彰。

> 胸中情景要看得春不是繁华，夏不是发畅，秋不是寥落，冬不是枯槁，方为我境。

译文

春天不一定是繁华，夏天不一定是勃发，秋天不一定是寥落，冬天不一定是枯槁——胸中的情景要如此看待，方是自我的境界。

评点

四季更替本是自然法则，但融入了人的情感，便有了喜怒哀愁的触景生情。宋代政治家范仲淹曾说过：不以物喜，不以己悲。当内心不再被景物的变化、时光的流逝所打动时，才真正把握住了自己。

> 君子洗得此心静，则两间不见一尘；充得此心尽，则两间不见一碍；养得此心定，则两间不见一怖；持得此心坚，则两间不见一难。

译文

君子只要将此心洗得澄静，那么天地间就看不到灰尘；只要将此心充满爱意，那么天地间就看不到障碍；只要将此心修养镇定，那么天地间就看不到恐惧；只要将此心保持坚实，那么天地间就看不到困难。

评点

要做个能成就一番事业的"君子"，非如此这般不可。儒家宣扬的教育八条目，其中就有修养身心这一条。现在我们仍然可以借鉴。

目不容一尘，齿不容一芥，非我固有也。如何灵台内许多荆榛，却自容得？

译文

眼睛里容不得一点儿灰尘，齿缝中容不得一点儿杂屑，因为这些东西都不是我自己固有的东西。然而心灵中有那么多的杂念，却怎么能够容纳得下呢？

评点

心中的诸多杂念都出自一个"我"字。要想去除那些杂念，务必去除"我"，去除私心。去除私心的过程是一个漫长的过程，是全社会都要为之努力的事业，这期间有两点基本要求：一个是要坚持，不以其远而不行；另一个是不应损害他人、社会、国家的利益。

久视则熟字不识，注视则静物若动。乃知蓄疑者乱真知，过思者迷正应。

译文

看得久了，即使是熟悉的字也不认识了；目不转睛地看，则静物也好像活动起来。由此可知，心中的疑虑多了，就会扰乱正确的见解；过度思考，该做的事也会犹犹豫豫。

评点

这一段话讲的仍然是"适度"的问题，都不要"过"。过犹不及，即事情办得过火，就跟做得不够一样，都是不好的。

迷人之迷，其觉也易；明人之迷，其觉也难。

译文

糊涂人迷惑起来，让他觉悟比较容易；明白人糊涂起来，让他觉悟比较难。

评点

聪明人往往自以为是，不愿意接受别人的意见，要想说服他是很困难的。我们都想做聪明人，只是千万不要做这样的聪明人——智者千虑，必有一失。这样的聪明人其实并不聪明。

君子畏天不畏人，畏名教不畏刑罚，畏不义不畏不利，畏徒生不畏舍生。

译文

君子惧畏天而不惧畏人，惧畏道德而不惧畏刑罚，惧畏不义而不惧畏不利，惧畏虚度光阴而不惧畏舍生取义。

评点

这是君子和小人的区别，从惧畏什么，不惧畏什么，我们就可以看出谁是君子，谁是小人。

小人亦有坦荡荡处，无忌惮是已；君子亦有长戚戚处，终身之忧是已。

译文

小人也有坦荡之处，是因为他们对任何事都肆无忌惮；君子也有戚戚之时，是因为他们终身都摆脱不了忧患意识。

评点

《论语》中说："君子坦荡荡，小人长戚戚。"意思是说，君子胸怀宽广坦荡，小人永远悲哀忧愁。但吕坤将这句话反着说，同样很精彩。

种豆，其苗必豆；种瓜，其苗必瓜。未有所存如是而所发不如是者。心本人欲，而事欲天理；心本邪曲，而言欲正直。其将能乎？是以君子慎其所存。所存是，种种皆是；所存非，种种皆非。未有分毫爽者。

译文

种下的是豆子，长出的苗一定是豆苗；种下的是瓜，长出的苗一定是瓜苗。没有保存的是这种东西而拿出来的是另一种东西这种情况的。心中所想的本是人欲，而做出的事却想符合天理；心本来是邪恶扭曲的，而说出的话却想显得正直。这怎么可能呢？所以君子对待自己要保持的东西特别谨慎。保持的东西是正确的，表现出来的也都是正确的；保持的东西是错误的，表现出来的也都是错误的。这是没有丝毫差错的。

评点

种瓜得瓜，种豆得豆。有什么样的思想品德、精神境界，就会有什么样的言语表现、行为方式。假装可以一时，但不能永久。仅靠冲动，是当不成英雄的！

属纩之时，般般都带不得。惟是带得此心，却教坏了，是空身归去矣。可为万古一恨。

译文

人死的时候，什么东西都带不走。只有这颗心能带走，却把它教坏了，等于是空身走了。这可算是万古遗恨了。

评点

人无论是呱呱落地，还是尽其天年，都同样是赤条条来去，唯独身后却大不相同：有人常被人念起，有人很快被人淡忘；有人流芳百世，也有人遗臭万年。究其原因，恐怕都同"心"的好坏有关。

只大公了，便是包涵天下气象。

译文

只要能够做到大公无私，便有了包涵天下的气派。

评点

大公无私的人，心地是坦白的，心灵是开放的，心胸是宽广的。无私者无畏。

士君子做人，事事时时只要个用心。一事不从心中出，便是乱举动；一刻心不在腔子里，便是空躯壳。

译文

士大夫和君子做人，就是每一事、每一时都要用心。遇事不用心思考，便是胡乱的举动；只要有一刻心不在体腔内，那便是一具空洞的躯壳了。

评点

用心就是动脑筋，用心就是有思想。人和动物的不同之处就在于，人能够动脑筋，人有思想。

余甚爱万籁无声、萧然一室之趣。或曰："无乃太寂灭乎？"曰："无边风月自在。"

译文

我非常喜爱万籁无声、独处一室的乐趣。有人问："这岂不是太寂寞了吗？"我说："正是在这种情境之中，才会有无边的风月。"

评点

幽室独处，或吟诗作画，或沉思遐想，或推窗望月，或掩卷而眠，此时做事与不做事都是一种乐趣。现在有人提出"享受孤独"，因为那是心灵需要抚慰与补偿。

静者生门，躁者死户。

译文

静是生的门户，躁是死的通道。

评点

　　静能使身心得到放松，心理平衡，头脑清醒，身体健康，事业有成；躁则相反，会使身心紧张，心理失衡，浮躁易怒，身体失调，事业败损。从这个意义上说，静意味着生，躁意味着死。

　　忧世者与忘世者谈，忘世者笑；忘世者与忧世者谈，忧世者悲。嗟夫！六合骨肉之泪，肯向一室胡越之人哭哉！波且谓我为病狂，而又安能自知其丧心哉！

译文

　　忧世的人对忘世的人谈自己的看法，忘世的人会嘲笑对方的忧世之心；忘世的人对忧世的人谈自己的看法，忧世的人会觉得对方的忘世观点很可悲。啊！天下骨肉亲情的泪水，怎么肯去向虽同在一室却难以相互理解的像异族人一样的人去抛洒呢！那些人会以为我生病或发疯了，又哪里能知道自己已丧失了人心呢！

评点

　　这段话有两层意思，一个意思是为丧失人心的人悲哀，一个意思是为人们的难以相互理解悲哀。在现代社会，人与人的隔膜日益加深，缺少沟通和理解，甚至夫妻也同床异梦，这已成为一种社会问题，很值得我们警惕。

　　为恶惟恐人知，为善惟恐人不知。这是一副甚心肠？安得长进？

译文

　　做了恶事唯恐被人知道，做了善事唯恐别人不知。这是一副什么心肠？怎么能够有所长进呢？

评点

做了错事唯恐被人知道，做了好事唯恐别人不知，这都叫不自觉。什么时候做到了自觉，什么时候才可以说是有所长进。

❀ 伦 理 ❀

亲母之爱子也，无心于用爱，亦不知其为用爱。若渴饮饥食然，何尝勉强？子之得爱于亲母也，若谓应得，习于自然，如夏葛冬裘然，何尝归功？至于继母之慈，则有德色、有矜语矣。前子之得慈于继母，则有感心、有颂声矣。

译文

亲生母亲疼爱孩子，不会老想着去爱，也不知道自己的做法就是爱。这种爱就像渴了要喝水，饿了要吃饭一样，怎么会勉强呢？孩子从亲生母亲那里得到爱，会认为是应得的，习以为常，有如夏天要穿葛布做的衣服，冬天要穿裘皮做的衣服，怎么会归功于母亲呢？至于继母对前房孩子表现出慈爱，则会有施恩的神色，有夸耀的言语。前房孩子从继母那里得到慈爱，则会心里受到感动、嘴里说出赞美的言辞。

评点

这一章讲的是伦理。伦理关系始于家庭，所以从家庭谈起。

这段话精辟地分析了亲母、继母与孩子感情的差异。这种差异即使不体现在表面上，也一定体现在内心。吕坤对情感差异的揭示与表述，可谓入木三分、就情就理。

一家之中，要看浔尊长尊，则家治。若看浔尊长不尊，如何齐他？浔其要在尊长自修。

译文

一个家庭里，要把尊长看得很尊贵，这个家就会治理得好。要把尊长看得不尊贵，如何对待其他人呢？尊长要让人尊敬，最主要的是要加强自身的修养。

评点

儒家推崇有序，如君臣、上下、长幼，因而家长为一家之尊。当然，家长也应有家长的表率。即使在今天来看，这种道德准则也大体可以接受。试想，如果一个家庭老不像老、小不像小，还成其为家吗？如果一个家长吃喝嫖赌毒"五毒俱全"，他还有什么资格教育子女呢？他能教育好子女吗？

人子之事亲也，事心为上，事身次之，最下事身而不恤其心，又其下事之以文而不恤其身。

译文

儿女对待父母，让他们心情愉快是最主要的，关心他们的身体是其次，只关心他们的身体而不管他们的心情愉快与否要更差一些，最差的是保持表面上的礼节而连他们的身体也漠不关心。

评点

骨肉之情，心心相连。只有从内心爱父母，才能让父母心情愉快。至于其他，只要有了爱心就都有了。

阳称其善以悦波之心，阴养其恶以快己之意，此友道之大戮也。青天白日之下，有此魑魅魍魉之俗，可哀也已！

译文

表面上说好话以此讨对方的欢心，内心里纵容他的恶行以使自己快意，这是为友之道的大害。青天白日之下，有这种魑魅魍魉般的恶俗，真令人悲哀呀！

评点

当面是人，背后是鬼。假使真交了这样的朋友，你就应该检讨一下自己了：这事怨不得人，只能怨自己。

古称君门远于万里，谓情隔也。岂惟君门？父子殊心，一堂远于万里；兄弟离情，一门远于万里；夫妻反目，一榻远于万里。苟情联志通，则万里之外犹同堂共门而比肩一榻也。以此推之，同时不相知而神交于百世之上下亦然。是知离合在心期，不专在躬逢。躬逢而心期，则天下至遇也，君臣之尧、舜，父子之文、周，师弟之孔、颜。

译文

古人称君门远于万里，这是因为情感相隔的缘故。岂止是君门如此？父子隔心，即使同处一堂也会远于万里；兄弟离情，即使同用一门也会远于万里；夫妻反目，即使同睡一床也会远于万里。假如情联志通，即使在万里之外也会像同堂共门、并肩而卧那样亲密无间。以此类推，生在同一时代却相互并不了解，相距百世上下却能神交沟通，就是这个道理。由此可知，离合在于两心是否相印，不必非得亲身相遇。亲身相遇加上两心相印，这是天下的至遇，如君臣中的尧、舜，父子中的文王、周公，老师弟子中的孔子、颜渊。

评点

所谓知子莫若父，所谓知心人，所谓生死之交，所谓师生如父子，皆因心心相印。至于君臣关系能否如此，却很难说了，尧与舜终究离我们太遥远。

> "隔"之一字，人情之大患，故君臣、父子、夫妇、朋友、上下之交务去"隔"。此字不去而不怨叛者，未之有也。

译文

"隔"这个字，是人情交往中的大患，因此君臣、父子、夫妇、朋友、上下之间交往务必要去除"隔"。此字不除而不怨恨、不背叛的人，还没有呢。

评点

幻想完全去掉这个"隔"字，颇有些书生意气。现实一些的是，不该隔则不隔，该隔则想不隔也隔。

《示儿》云："门户高一尺，气焰低一丈。华山只让天，不怕没人上。"

译文

《示儿》这首诗说："我家的地位高出了一尺，自己的气焰应低下去一丈。华山因为只让着天，所以从来不必担心没人去上。"

评点

满招损，谦受益。吕坤教育儿子要谦虚谨慎，实在是为儿子长远的利益着想。看看我们身边，因骄奢而败落的例子还少吗？难以理解的是，后人仍然不断地去重蹈前人的覆辙。

家长，一家之君也。上焉者使人欢爱而敬重之，次则使人有所严惮，故曰"严君"。下则使人慢，下则使人陵，最下则使人恨。使人慢未有不乱者，使人陵未有不败者，使人恨未有不亡者。呜呼！齐家岂小故哉！今之人皆以治生为急，而齐家之道不讲久矣。

译文

家长，乃是一家的君主。最好的家长让人喜爱并且敬重，其次的因庄重而使人有所畏惧，所以叫"严君"。差一些的被人轻视，再差些的被人欺凌，最差的则被人痛恨。家长被人轻视，这个家没有不乱的；家长被人欺凌，这个家没有不败的；家长被人痛恨，这个家没有不亡的。啊！治理家庭岂止是小事啊！现在的人都急着发家置业，对治理家庭的道理却很长时间不讲了。

评点

治家如治国，治国如治家，道理大体相同。不要把这段话看得太轻，是值得借鉴的。

责人到闭口卷舌、面赤背汗时，犹刺刺不已，岂不快心？然浅隘刻薄甚矣。故君子攻人不尽其过，须含蓄，以余人之愧悔，令其自新，方有趣味。是谓以善养人。

译文

责备人到了对方已经哑口无言、面红耳赤、汗流浃背的地步，仍还喋喋不休，这样岂不痛快？然而过于浅露、狭隘、刻薄了。因此君子责备人不把对方的过错说尽，要含蓄，令人有愧悔的余地，使他自新，这样才有意味。这就叫以善养人。

评点

批评人是要留有余地，但不是不分是非，不是不讲原则，不是含糊其辞，不是老于世故。

❀ 谈道 ❀

真器不修，修者伪物也；真情不饰，饰者伪交也。家人父子之间不让而登堂，非简也；不侑而饱食，非饕也，所谓真也。惟诗让而入，而后有让亦不入者矣；惟诗侑而饱，而后有侑亦不饱者矣，是两修文也。废文不可为礼，文至掩真。礼之贼也，君子不尚焉。

译文

　　真的器物不用修饰，如果修饰就成了伪物；真的感情也不修饰，如果修饰就成了虚伪的交情。家人父子之间进屋时不必谦让，这不是简慢；用不着劝吃劝喝而能吃饱，这不是贪吃，这就是真。只有等着人相让才进来，以后就会有即使相让也不进来的人了；只有等着人劝让才能吃饱，以后就会有即使劝让也吃不饱的人了，这是两方面都太拘礼的缘故。废弃了礼节不合乎礼仪，过分拘礼又掩蔽了真情。这种妨害礼的做法，君子不尊崇它。

评点

　　这一章讲的是道。道，本义是人走的道路，引申为规律、原理、准则、宇宙的本原等意思；也可以解释为一定的人生观、政治理想或主张。

　　这段话的中心意思是提倡真。礼数固然重要，但一过，便成了伪，成了虚。人与人交往应有礼貌，只是不要做作，还是自然一些好。一个有着真性情的人，是不愁没有朋友的。

> 在举世尘俗中另识一种意味，又不轻与鲜能知味者尝，才是真趣。守此便是至宝。

译文

　　在举世尘俗之中能另外识别出一种意味，又不轻易地让很难理解这种意味的人去尝试，这才是真趣。守住这个便是至宝。

评点

　　真趣难寻，让难以理解真趣的人去品味真趣难行，固守真趣难得。生活中没有了真趣，那将是多么乏味、无聊、黯淡的生活啊！

> 理路直截,欲路多岐;理路光明,欲路微暧;理路爽畅,欲路懊烦;理路逸乐,欲路忧劳。

译文

　　寻求真理的路笔直,追求欲望的路多岔;寻求真理的路光明,追求欲望的路昏暗;寻求真理的路清爽舒畅,追求欲望的路懊丧烦恼;寻求真理的路安逸快乐,追求欲望的路忧虑劳累。

评点

　　欲望是想得到某种东西或想达到某种目的的要求,包括情欲、物欲、权欲、名欲等。正常人都会有各种欲望,这是人之常情。笼统地说无欲则刚、无欲则安,恐怕会有消极之嫌。从某种程度上讲,欲望也是一种动力,对人生也是一种促进,追求、实现欲望的过程使人更积极、更主动、更大胆、更聪明、更有创造性,更有利于个人与社会的发展。但欲望太强烈,以至追求欲望不择手段,就有可能出偏差,所以还有欲壑难填、欲火烧身之说。这是应予区分、注意的。

> 有天欲,有人欲。吟风弄月,傍花随柳,此天欲也。声色货利,此人欲也。天欲不可无,无则禅;人欲不可有,有则秽。天欲即好底人欲,人欲即不好底天欲。

译文

　　有天欲,有人欲。吟风弄月,傍花随柳,这是天欲。声色犬马,追名逐利,这是人欲。天欲不可没有,没有天欲就进入了禅家之中;人欲不可以有,有了人欲就污秽了人心。天欲就是好的人欲,人欲就是不好的天欲。

评点

吕坤的看法是：欲望有好坏之分，好的、合理的、有助于社会的欲望叫天欲，是对美、善的追求；坏的、不合理的、会危害社会的欲望叫人欲，是对丑、恶的追求。这种观点是对理学的批驳，在当时是有着进步意义的。

以吾身为内，则吾身之外皆外物也。故富贵利达、可生可荣，苟非道焉而君子不居。以吾心为内，则吾身亦外物也。故贫贱忧戚、可辱可杀，苟道焉而君子不辞。

译文

把我的身体当做内，那么我身体以外的东西就都是外在的事物了。所以功名富贵、生存荣誉，假如不是通过正当的途径获得的则君子不会占有。把我的心当做内，那么我的身体也成为外在的事物了。所以贫贱忧戚、或辱或杀，如果是合乎道义的则君子绝不推辞。

评点

古代知识分子都有这种思想境界，何况我们呢！

先难后获，此是立德立功第一个张主。若认得先难是了，只一向持循去，任千毁万谤也莫动心，年如是，月如是，竟无效验也只如是，久则自无不获之理。故工夫循序以进之，效验从容以候之。若欲速便是揠苗者，自是欲速不来。

译文

　　先经过艰难的努力而后获得收获，这是要想立德立功第一应做到的。假若认为一开始是困难的，只是坚持这样做下去，任凭有人千毁万谤也不动心，年年如此，月月如此，即使没有产生预期的效果也一直坚持下去，久而久之自然没有不收获的道理。所以功夫要循序渐进，效验要从容等待。若想很快见效便是拔苗助长，正所谓欲速则不达。

评点

　　只要功夫深，铁杵磨成针。一个人不管先天条件如何，如果努力，如果持之以恒，他都会取得在原有基础上的进步。

> 知彼知我，不独是兵法，处人处事一些少不得底。

译文

　　知彼知己，不仅是兵法如此，就是处人行事也是一点儿少不得的。

评点

　　不真正了解对方，不真正了解自己，就要去处人行事，这同盲人骑瞎马有什么两样？

> 三氏传心要法，总之不离一"静"字。下手处皆是制欲，归宿处都是无欲。是则同。

译文

儒、释、道三家传授心性的根本大法，总之都离不开一个"静"字。这三家入手的地方都是节制人欲，最终都要达到无欲的境界。三家的这一点是相同的。

评点

吕坤分析儒、释、道三家能异中见同，高度概括，这是他的过人处。但修心养性的最终目的不应该是"灭欲"，倒是孔子所说的"从心所欲而不逾距"更有道理。

> 诚与才合，毕竟是两个，原无此理。盖才自诚出。才不出于诚，算不得个才，诚了自然有才。今人不患无才，只是讨一"诚"字不得。

译文

诚和才是相合的，但毕竟是两个东西，然而分开又无道理。才出自于诚。才不出于诚，算不上才，诚了自然有才。现今的人不愁无才，只是缺少一个"诚"字。

评点

天才是有的，但极少。要想成材，离不开后天的努力。努力、执著即是诚。

> 威仪养得定了，才有脱略便害羞报；放肆惯得久了，才入礼群便害拘束。习不可不慎也。

译文

仪表端庄养成习惯，刚有疏漏便会觉得羞愧；放肆得久了，才进入讲礼仪的人群中便会感到拘束。习惯的养成不可不慎重啊！

评点

习惯成自然。一旦养成习惯——不管是好习惯还是坏习惯，改起来都难。

> 处明烛幽，未能见物而物先见之矣；处幽烛明，是谓神照。是故不言者非暗，不视者非盲，不听者非聋。

译文

身在亮处去照暗处，没能看到暗处的东西反被它先看见了你；身在暗处去照亮处，这叫神照。所以不说话的人并非哑巴，不看的人并非瞎子，不听的人并非聋子。

评点

人人心里一本账。若要人不知，除非己莫为。

> 世之治乱，国之存亡，民之死生，只是个我心作用。只无我了，便是天清地宁、民安物阜世界。

译文

世间的治与乱，国家的存与亡，民众的生与死，都是我自己的心灵在起作用。只要心中没有"我"了，便是个天清地宁、民安物阜的世界。

评点

这段话从字面上看不太好理解，似乎主现唯心色彩很浓。但假如把"我"看做是"私"，意思就连贯了：只要没有了私心，世界当然会变得很美好——这样解释不知道合适不合适？

惟得道之深者，然后能浅言；凡深言者，得道之浅者也。

译文

只有得道深的人，然后才能用浅显的语言把道讲清楚；凡是用深奥的语言谈论道的人，都是得道浅的人。

评点

这是一个规律，所以才有"深入浅出"的说法。

觅物者苦求而不得，或视之而不见。他日无事于觅也，乃得之。非物有趋避，目眩于急求也。天下之事，每得于从容而失之急遽。

译文

寻找东西的人往往苦苦搜寻而不得，或明明看到了却没有发现。以后不再想去找了，却反而得到了。这不是东西在躲避你，而是因为急于寻找使眼睛昏花了。天下的事常常得之于从容而失之于过分着急。

评点

从容是一种心态，也是一种方法、一种意志、一种精神。从容不仅能增添成功的把握，也能感染旁人，增强信心。

公生明，诚生明，从容生明。公生明者，不蔽于私也；诚生明者，清虚所通也；从容生明者，不淆于感也。舍是无明道矣。

译文

公正就会明白事理，诚实就会明白事理，从容就会明白事理。公正就会明白事理，是因为不受私欲的蒙蔽；诚实就会明白事理，是因为心静而通达；从容就会明白事理，是因为不被感受所困扰。除此之外，就没有能使人明白事理的规律了。

评点

公正和诚实是品德，从容是气质。吕坤向来看重品德与气质，因此在这里所说的"明白事理"带有感情色彩，有些人在权衡利弊后所做的明智的选择并不被他算做"明白事理"。

> 知识，心之孽也；才能，身之妖也；贵宠，家之祸也；富足，子孙之殃也。

译文

知识，有时是心的灾祸；才能，有时是身的邪恶；贵宠，有时是家的危害；富足，有时是子孙的祸害。

评点

这段话前两句的意思是：当知识使人固执己见时，就有可能成了阻碍认识的包袱；当才能使人忘乎所以时，就有可能给生命带来危险。知识、才能、贵宠、富足本是好事，但走到了极端，不计后果，就会变成坏事。

> 千载而下，最可恨者乐之无传，士大夫视为迂阔无用之物，而不知其有切于身心性命也。

译文

　　千百年来，最令人遗憾的是音乐没有流传下来，士大夫都把它看做是迂阔无用的东西，而不知道音乐对于身心性命的修养提高会有所帮助。

评点

　　这是儒家学说的局限，也是轻视实践的后果之一，肯定对民族性格的形成有负面影响。

> 　　百姓冻馁谓之国穷，妻子困乏谓之家穷，气血虚弱谓之身穷，学问空疏谓之心穷。

译文

　　百姓冻馁叫做国穷，妻儿困乏叫做家穷，气血虚弱叫做身穷，学问空疏叫做心穷。

评点

　　国穷、家穷、身穷都有实在的表现，只有心穷可以被鲜衣美食暂时所遮蔽，但唯其如此更可怕！

> 　　人问："君是道学否？"曰："我不是道学。""是仙学否？"曰："我不是仙学。""是释学否？"曰："我不是释学。""是老、庄、申、韩学否？"曰"我不是老、庄、申、韩学。""毕竟是谁家门户？"曰："我只是我。"

译文

有人问："您是道学吗？"我说："我不是道学。"问："是仙学吗？"我说："我不是仙学。"问："是佛学吗？"我说："我不是佛学。"问："是老子、庄子、申子、韩非子的学问吗？"我说："我不是老、庄、申、韩之学。"问："究竟是哪一家的门户呢？"我说："我只是我。"

评点

这是吕坤的"宣言"，生动地体现出他的治学态度、个性特点。要想在学术上有所创新，要想在事业上有所建树，没有这种精神是不行的！

悟有顿，修无顿。立志在尧，即一念之尧；一语近舜，即一言之舜；一行师孔，即一事之孔——而况悟乎？但若成一个尧、舜、孔子，非真积力充、毙而后已不能。

译文

悟有顿悟一说，修养却没有突然就能修养成功的。立志学习尧，就是一念之尧；一句话像舜那样讲，就是一言之舜；一件事效法孔子，就是一事之孔——何况悟呢？如若想成为一个尧、舜、孔子那样的人，则非身体力行、死而后已不可。

评点

修养身心是一辈子的事，没有任何捷径可走。

第二卷 内 篇

修 身

> 率真者无心过，殊多躁言轻举之失；慎密者无口过，不免厚貌深情之累。心事如青天白日，言动如履薄临深，其惟君子乎!

译文

直率真诚的人内心没有过错，只是多有躁言轻举的过失；谨慎周密的人嘴上没有过错，不免会受"外貌厚重城府很深"的牵累。心中如青天白日一般清朗无邪，言谈举止谨慎得如履薄冰、如临深渊，这就是君子啊!

评点

这一章讲的是修身，指努力提高自己的品德修养。在《呻吟语》中，这一部分占有较重要的位置。

人固然应该提高修养水平，但大可不必如此小心谨慎，否则活得就太累了。都照这般活法，谁还敢去做君子呢?

> 攻己恶者，顾不得攻人之恶。若哓哓尔雌黄人，定是自治疏底。

译文

要改正自己不良习惯的人，顾不得去挑别人的毛病。假若喋喋不休地议论人家的是非，一定是自身修养很差的人。

评点

要养成不在背后议论人的良好习惯,这是一种修养。总盯着别人的不是,自己就很难进步。

大事难事看担当,逆境顺境看襟度,临喜临怒看涵养,群行群止看识见。

译文

看一个人,遇到大事难事可以检验他是否敢于承担并负起责任,处在逆境或顺境中可以检验他的襟怀与风度,碰到喜事或怒事可以检验他的修养、性格,众人共同活动时可以检验他的知识和能力。

评点

关键时候才能认清一个人。所以古人说:疾风知劲草,板荡识忠臣。

做人怕似渴睡汉,才唤醒时睁眼若有知,旋复沉困,竟是寐中人。须如朝兴栉盥之后,神爽气清,冷冷劲劲,方是真醒。

译文

做人怕像个渴睡汉,刚刚唤醒时睁着眼好像有知觉,但很快又沉睡过去,竟是个梦寐中的人。做人应该像早晨起来梳洗完毕的人,神清气爽,精神抖擞,这才是真清醒。

评点

一个人既应在外观上给人以充满活力的感觉,又应在内心时刻保持清醒。

官吏不要钱，男儿不做贼，女子不失身，才有了一分人。连这个也犯了，再休说别个。

译文

官吏不索取钱财，男儿不去做贼，女子不失身，这才有了一分人的味道。连这一点都保证不了，再不用说别的了。

评点

在吕坤看来，这是对做人的最基本的要求。当然，他把"女子不失身"和"官吏不要钱"、"男儿不做贼"看得一样严重，是有着明显的封建意味的。

世人之形容人过，只像个盗跖；回护自家，只像个尧舜。不知这却是以尧舜望人，而以盗跖自待也。

译文

世上的人形容别人的过错，都把对方说得像个盗跖；包庇自己，都把自身说得像个尧舜。却不知这种做法是希望别人成为尧舜，而把自己当做盗跖对待。

评点

对人严，对己宽，实际会害了自己。没人愿意害自己，但所作所为却是明摆在那里，究竟是聪明还是傻呢？

少年之情，欲收敛不欲豪畅，可以谨德；老人之情，欲豪畅不欲郁闷，可以养生。

译文

少年人的情感，应该收敛而不应该豪畅，这样可以培养谨慎的品德；老年人的情感，应该豪畅而不应该郁闷，这样可得养生之道。

评点

根据少年人、老年人不同的情感状况，提出不同的建议，很有针对性。民间也有"少要稳重老要狂"的说法。

坐间皆谈笑而我色庄，坐间皆悲感而我色怡。此之谓乖戾，处己处人两失之。

译文

和众人在一起的时候，大家都谈笑风生而我却面目庄重，大家都悲痛感伤我却面带笑容。这叫做乖戾，处己处人都会造成过失。

评点

这是与人相处的常识，但往往有人缺少这方面的常识。这不仅对自己没有好处，对别人也是一种不尊重。

大其心容天下之物，虚其心受天下之善，平其心论天下之事，潜其心观天下之理，定其心应天下之变。

译文

以宽广的心包容天下的物，以空虚的心接受天下的善，以平易的心议论天下的事，以深沉的心观察天下的理，以镇定的心应对天下的变化。

评点

我们在很难改变世间万物时，就只能改变自己以去适应，因此需要不断加强修养，提高自己。有了如此心胸，还有什么做不好的呢？

掩护勿攻，屈服勿怒，此用威者之所当知也。无功勿赏，盛宠勿加，此用爱者之所当知也。反是皆败道也。

译文

当对方遮掩保护自己时不要再攻击，当对方屈从降服时不要再发怒，这是采用威势办法的人所应当知道的。无功不要给予奖赏，恩宠不要宠上加宠，这是采用宽爱办法的人所应当知道的。与此相反的做法只会招致失败。

评点

这段话概括起来说，就是做事要留有余地，把握分寸。

攻我之过者，未必皆无过之人也。苛求无过之人攻我，则终身不得闻过矣。我当感其攻我之益而已，彼有过无过何暇计哉！

译文

抨击我的过失的人，不一定都是没有过失的人。假如苛求只有无过失的人才有资格指责我，那么我终身就听不到别人指出我的过失了。我应当感谢那些指责我的过失的人所带给我的益处，至于他本身有没有过失又哪有空闲去计较呢！

评点

说着容易做着难。真这样做了，则是大心胸！

> 心要常操，身要常劳。心愈操愈精明，身愈劳愈强健，但自不可过耳。

译文

心要常操，身体要常活动。心越操越精明，身体越活动越强健，但自然不要太过度。

评点

多动脑子，多活动身体，不仅仅是健身的需要，也是生命的需要。

> 财、色、名、位，此四字考人品之大节目也。这里打不过，小善不足录矣。自古砥砺名节者，兢兢在这里做功夫，最不可容易放过。

译文

财、色、名、位，这四个字是考察人品的主要项目。在这四方面过不了关，小的长处就不值得提了。自古以来磨炼修养名誉和节操的人，都会谨慎地在这四方面去下功夫，最不会轻易放过。

评点

在这四道关口面前，多少英雄好汉落马失足。翻看一下近年来大的贪污腐败分子名录，几乎无一人不是在这四方面出了问题。

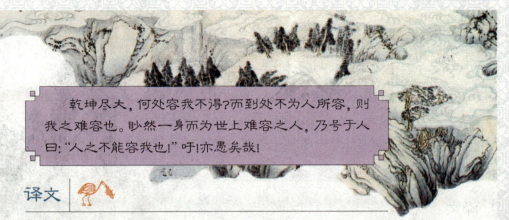

　　乾坤尽大，何处容我不得?而到处不为人所容，则我之难容也。眇然一身而为世上难容之人，乃号于人曰:"人之不能容我也!"吁!亦愚矣哉!

译文

　　乾坤如此之大，何处容不下我呢?然而仍然到处不为人所容，那么这是我自己难容自己啊。这样渺小并为世上难容的一个人，竟然大声对人讲:"人们都不能容纳我啊!"唉!他也是太愚蠢了!

评点

　　待人接物出了问题，人们总爱找客观原因;有了成绩，人们老是情不自禁为自己评功摆好。

　　凡智愚无他，在读书与不读书;祸福无他，在为善与不为善;贫富无他，在勤俭与不勤俭;毁誉无他，在仁恕与不仁恕。

译文

　　人聪明或愚昧的原因不在别的，在于读书与不读书;是福是祸的原因不在别的，在于为善还是不为善;造成贫穷或富贵的原因不在别的，在于勤俭还是不勤俭;招致毁谤或得到赞誉的原因不在别的，在于为人仁恕不仁恕。

评点

　　此话有理，但太绝对了。仅举一例:聪明或愚昧还与遗传基因有关，是福是祸存在偶然性，贫穷或富贵也取决于能力、机遇，招致毁谤或赞誉的责任有时不在自己。

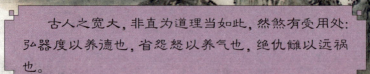

古人之宽大，非直为道理当如此，然煞有受用处：弘器度以养德也，省怨怒以养气也，绝仇雠以远祸也。

译文

古人宽宏大量，不仅认为在道理上应当如此，而且认为在事实上也有很大好处：器度宏大可以涵养德行，少生怨恨可以修养身心，杜绝仇敌可以远离祸患。

评点

儒家的"修身说"有保身哲学的色彩，虽有实用性，但不能解决所有问题。今天的读者不应该全盘接受。

贫不足羞，可羞是贫而无志；贱不足恶，可恶是贱而无能；老不足叹，可叹是老而虚生；死不足悲，可悲是死而无闻。

译文

贫穷并不足以让人感到羞愧，令人羞愧的是贫穷并且没有志气；卑贱并不足以让人感到厌恶，令人厌恶的是卑贱并且无能；衰老并不足以让人感到叹息，令人叹息的是衰老并且虚度了一生；死亡并不足以让人感到悲哀，令人悲哀的是死了却不被人所了解。

评点

能看出贫穷、卑贱、衰老、死亡的可怕，平常人都可做到；然能看出它们之外的可怕，这就需要费一番心力了。

> 喜来时一点检，怒来时一点检，怠惰时一点检，放肆时一点检，此是省察大条款。人到此多想不起，顾不得，一错了便悔不及。

译文

欢喜来时要点检，怒气来时要点检，怠惰的时候要点检，放肆的时候要点检，这是反省和察考自己的着重点。人到了这些时候大多想不起来、顾不上，一旦错了便会懊悔不及。

评点

做人能够反省是美德，但关键时刻能够及时察觉更为重要。

> 万物安于知足，死于无厌。

译文

世间万物会因知足而安宁，会因贪得无厌而走上绝路。

评点

知足不是胸无大志，贪婪不是勇于进取。

> 毁我之言可闻，毁我之人不必问也。使我有此事也，彼虽不言，必有言之者。我闻而改之，是又得一不受业之师也。使我无此事邪，我虽不辨，必有辨之者。若闻而怒之，是又多一不受言之过也。

译文

诋毁我的言论可以听，诋毁我的人就不必追问了。假使我做了应该被人指责的事，他虽然不说，必然会有说的人。我听到并且改正之，是又得到一位不是我老师的老师啊。假使我没有做过应该被人指责的事，我虽然不辩解，必然会有为我辩解的人。如果听了就发怒，这是又多了一个不能听取意见的过失啊。

评点

态度可嘉，却不完全可取。在现实生活中，对恣意诋毁人的人是应诉诸法律的。

> 仁厚刻薄是修短关，行止语默是祸福关，勤惰俭奢是成败关，饮食男女是死生关。

译文

仁厚还是刻薄关系到寿命的长短，行动还是静止、言语还是沉默关系到人生的祸福，辛勤还是懒惰、节俭还是奢侈关系到事业的成败，吃喝饮食、男女之情关系到人类的生死。

评点

此种看法可圈可点，应做分析。

> 多少英雄豪杰，可与为善，而卒无成，只为捉此身于习俗中不出。若不恤群谤，断以必行，以古人为契友，以天地为知己，任他千诬万毁何妨！

译文

世间有多少英雄豪杰，本来可以为社会干出大事业，然而终究一事无成，只是因为不能从流俗中拔出身来。假若不怕众人毁谤，断然而行，以古人为挚友，以天地为知己，任别人千诬万毁又有何妨！

评点

意大利诗人但丁也说过：走你的路，让人家说去吧！然而这要有一个前提，那就是你将要走的路应该是你认为正确的路，光明的路。

做本色人，说根心话，干近情事。

译文

人要做本色的人，说发自内心的话，干近情近理的事。

评点

虽说真要实施起来肯定有难处，但也应朝这个方向努力。这有如逆水行舟，稍一放松，离目标就会越来越远——难道人生不应有目标吗？

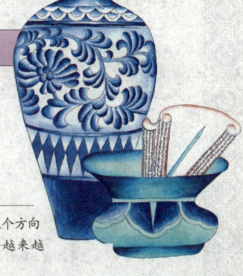

亡我者，我也。人不自亡，谁能亡之？

译文

使我败亡的人，就是我自己。自己不败亡，谁能败亡你？

评点

"堡垒最易从内部攻破"，这句话已经俗而又俗了，但道理不俗。

> 刚、明，世之碍也。刚而婉，明而晦，免祸也夫！

译文

刚直与聪明，是为人处世的障碍。如果刚直却能委婉一些，聪明却能隐晦一些，那就能避免灾祸了啊！

评点

过于刚直会让对方受到伤害，过于聪明会使对方显得愚蠢。这个建议说它世故也罢，中庸也罢，终究是为了适应。

> 处身不妨于薄，待人不妨于厚；责己不妨于厚，责人不妨于薄。

译文

对待自己不妨薄一些，对待别人不妨厚一些；责备自己不妨重一些，责备别人不妨轻一些。

评点

这样做不应该是有意识的行为，而应该是下意识的行为。

> 学者事事要自责，慎无责人。人不可我意，自是我无量；我不可人意，自是我无能。时时自反，才德无不进之理。

译文

　　学者遇事都要自责，千万不要指责别人。别人不合我的心意，当然是我没有度量；我不合别人的心意，那是我无能。时时刻刻自我反省，才德没有不长进的道理。

评点

　　遇事多从自身上找原因，往往能有新收获。

　　富以能施为德，贫以无求为德，贵以下人为德，贱以忘势为德。

译文

　　富了以能施舍为德行，穷了以不向人求告为德行，显贵了以谦逊待人为德行，卑贱了以忘记权势为德行。

评点

　　德行不是一种追求，而是一种信仰。

　　谨言慎动，省事清心，与世无碍，与人无求，此谓小跳脱。

译文

　　言语谨慎，行动慎重，遇事警省，身心清静，与事无争，与人无求，这叫做小超脱。

评点

　　该超脱便超脱，不该超脱便不能超脱，况且有时想超脱也超脱不了。

身要严重,意要安定,色要温雅,气要和平,语要简切,心要慈祥,志要果毅,机要缜密。

译文

自身要庄重,意气要安定,神色要温雅,精神要平和,语言要简切,心灵要慈祥,意志要坚毅,做事要缜密。

评点

人都说三代培养不出贵族,意思是修养不是一朝一夕之事。

恣纵既成,不惟礼法所不能制,虽自家悔恨亦制自家不得。善爱人者无使恣纵,善自爱者亦无使恣纵。

译文

放纵要是已经成了习惯,不仅礼法限制不了,就是自己悔恨也不能控制住自己。善于爱护人的人不要使人放纵,善于自爱的人也不要放纵自己。

评点

放纵是宠惯出来的,不是天生的。如果没有一个能使人放纵的环境,也就不会有放纵。

士君子只求四真:真心、真口、真耳、真眼。真心无妄念,真口无杂语,真耳无邪闻,真眼无错识。

士大夫君子只追求四种真实:真心、真口、真耳、真眼。真心没有虚妄的念头,真口说不出杂乱的语言,真耳听不到邪恶的信息,真眼不会有错误的见识。

评点

"四真"其实就是"一真",即做一个真实的人。

> 以精到之识,用坚持之心,运精进之力,便是金石可穿,豚鱼可格,更有什么难做之事功、难造之圣神?士君子碌碌一生,百事无成,只是无志。

译文

以精到的见识,用坚持的恒心,运用勇往直前的力量,便是金石也可穿透,豚鱼也可感通,还有什么更难做的事情、更难以到达的神圣境地呢?士君子一生庸庸碌碌,百事无成,只是因为没有志气。

评点

有志者事竟成。对一般人来说,持之以恒地做一件事,很少有不成功的。

> 其有善而彰者,必其有恶而掩者也。君子不彰善以损德,不掩恶以长愆。

译文

有做了好事就四处张扬的人,必然会有做了坏事就掩盖的人。君子不会以张扬善事而有损自己的德行,不会以掩盖恶行来加大自己的过错。

评点

做了好事就四处张扬的人，做了坏事也必然掩盖，而且让人怀疑他是否真做了好事。

> 立身行己，服人甚难也。要看甚么人不服，若中道君子不服，当早夜省惕；其意见不同，性术各别，志向相反者，只要求我一个是也，不须与他别白理会。

译文

立身处世，要使人信服最难。但要看是什么人不服，假若是正人君子不服，就应当早晚反省警惕；如果不服的是意见不同，性情、方法不同，志向不同的人，那么只要我做得正确，就没有必要去和他辩白理会。

评点

有些人永远不会信服别人，不管自己做得如何；有些人永远口服心不服，不管他说得多么诚恳。

> 与其喜闻人之过，不若喜闻己之过；与其乐道己之善，不若乐道人之善。

译文

与其喜欢听说别人的过失，不如喜欢听说自己的过失；与其乐于宣扬自己的善，不如乐于宣扬别人的善。

评点

这是两种人。"道不同，不相与谋"，说也白说。

人生天地间，要做有益于世底人。纵没这心肠、这本事，也休做有损于世底人。

译文

人生天地间，要做个有益于世的人。纵然没有这个心肠，这个本事，也不要做有损于世的人。

评点

这应该是最低的要求了。

物忌全盛，事忌全美，人忌全名。是故天地有欠缺之体，圣贤无快足之心。而况琐屑群氓，不安浅薄之分而欲满其难厌之欲，岂不妄哉！是以君子见益而思损，持满而思溢，不敢恣无涯之望。

译文

物忌讳完盛，事忌讳完美，人忌讳完名。所以天地间总有欠缺的事物，圣贤也会有不高兴不满足的心思。更何况那些平凡普通的人，不安于浅薄的现状而想满足自己难填的贪欲，这不是妄想嘛！因此君子遇事见到增多要想着减少，满了要想着溢出，不敢放纵自己无边的欲望。

评点

不安于现状有时是好事，有时是险事，有时是坏事，不可一概而论。

过宽杀人，过美杀身。是以君子不纵民情，以全之也；不盈己欲，以生之也。

译文

过于宽厚了能够杀人，过于美好了能招致杀身之祸。所以君子不放纵民情，是为了保全他们;不满足私欲，是为了保全自身。

评点

有理，不使人放纵，也是一种爱护。

各自责，则天清地宁;各相责，则天翻地覆。

译文

遇事如各人都责备自己，则会天清地宁;如各人都指责对方，则会天翻地覆。

评点

遇事如能冷静，自会明白这个道理。

祸福者天司之，荣辱者君司之，毁誉者人司之，善恶者我司之。我只理会我司，别个都莫照管。

译文

人的祸福由天掌握，荣辱由君主掌握，毁誉由他人掌握，善恶由我自己掌握。我只理会我自己能够掌握的事，别的都不去管。

评点

可叹的是，有时善恶竟也不一定由得了自己。

> 七尺之躯，戴天履地，抵死不屈于人。乃自落草以至盖棺，降志辱身，奉承物欲，不啻奴隶。到那魂升于天之上，见那维皇上帝，有何颜面？愧死！愧死！

译文

堂堂七尺之躯，顶天立地，至死不能屈服于他人。但是有的人从诞生到盖棺，降低了志向，辱没了身份，去追求物欲，和奴隶没有两样。到那灵魂升天的时候，见到皇天上帝，有何脸面？愧死了！愧死了！

评点

对物质的要求是正常的，一旦物质变成了物欲，要求变成了追求，那就是病态了。

问 学

> 学必相讲而后明，讲必相直而后尽。孔门师友不厌穷问极言，不相然诺承顺，所谓审问明辨也。故当其时道学大明，如拨云披雾，白日青天，无纤毫障蔽。讲学须要如此，无坚自是之心，恶人相直也。

译文

学问必须相互商讨然后才能明白，商讨必须相互诘问然后才能弄清。孔门师友绝不厌烦追问到底、言无不尽的学习态度，不会轻易同意或顺从对方的意见，这就是所说的"审问明辨"的意思。所以当时先圣之学非常明确，如拨开云雾，如见青天白日，没有一点儿障蔽。研究学问就要这样，不要认为自己的看法都对，不要害怕别人的辩论。

评点

这一章讲的是问学，即探讨做学问的道理。

学问学问，有学又有问才成其学问。问不仅仅是询问，也有分辨、辩论的意思。古人说"教学相长"，即教学双方都会从中得到教益，这中间也包括了明辨过程中的提高。

读书人最怕诵底是古人语，做底是自家人。这等读书，虽闭户十年，破卷五车，成什么用？

译文

读书人最怕诵读的是古人的言语，做的是自家的人。这样读书，即使闭门十年，读破无数的书，又有什么用？

评点

读书不能读死书、死读书，不能学的是一套，做的是另一套，而要活学活用、学以致用。

不由心上做出，此是喷叶学问；不在独中慎起，此是洗面工夫，成得甚事？

译文

不用心去做事，就好比灌溉时只往叶上喷水一样；不在独处时谨慎不苟，就如同洗澡时只洗脸面一样，这能成就什么事？

评点

不管是学习还是做事，没有专心致志的态度不成。

我信得过我，人未必信得过我，故君子避嫌。若以正大光明之心如青天白日，又以至诚恻怛之意如火热水寒，何嫌之可避？故君子学问第一要体信，只信了，天下无些子事。

译文

我自己信得过我，别人未必信得过我，所以君子要避嫌。假若以青天白日般的正大光明之心，又以火热水寒般的同情怜悯之意去待人，还有什么嫌可避的呢？因此君子的学问最首要的是应体现信，只要信，天下就不会有一点儿事了。

评点

信为万事之本。没有信用，一切都谈不上。

悟者吾心也，能见吾心便是真悟。

译文

悟字从吾从心，就是发自我的心，能看见我的心便是真正的悟。

评点

这句话说的是理解的重要性。只有理解了，才会有大彻大悟。

劝学者歆之以名利，劝善者歆之以福祥，哀哉！

译文

劝人学习的人是诱之以名利，劝人向善的人是诱之以福祥，可悲啊！

评点

细想起来是有些道理，直到今日仍是如此。这说明我们的教育方法真是出了问题了。

> 君子知其可知，不知其不可知。不知其可知则愚，知其不可知则凿。

译文

君子要知道那些可以知道的知识，不必知道那些不用知道的知识。不知道那些可以知道的知识则是愚昧，非要知道那些不用知道的知识则会穿凿附会。

评点

有的学者谦虚地说自己"不求甚解"，多是从这方面说的，即不是所有的知识都应该掌握。

> 怠惰时看工夫，脱略时看点检，喜怒时看涵养，患难时看力量。

译文

怠惰的时候可以看出一个人的修养功夫，放任的时候可以看出一个人检点自己的能力，喜怒的时候可以看出一个人的涵养，患难的时候可以看出一个人克服困难的力量。

评点

类似的话前文说过，在关键处确实能够看出一个人的品性。

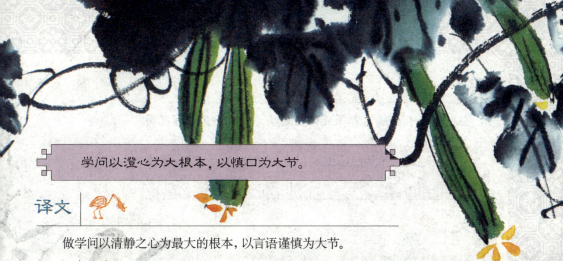

学问以澄心为大根本，以慎口为大节。

译文

做学问以清静之心为最大的根本，以言语谨慎为大节。

评点

做学问是严谨的事，所以不能浮躁，不能信口开河。

读书能使人寡过，不独明理。此心日与道俱，邪念自不得而乘之。

译文

读书能使人少犯过失，不仅是明白道理。这颗心每天都与道在一起，邪念自然不能乘虚而入。

评点

受教育程度提高了，国民整体素质也就提高了，社会自然会安定。因此"教育立国"是有其说服力的。

人生气质都有个好处，都有个不好处。学问之道无他，只是培养那自家好处，救正那自家不好处便了。

译文

人天生的气质都有好的地方，也都有不好的地方。做学问的道理没有别的，只是培养自家那好的地方，纠正自家那不好的地方就是了。

评点

这叫"扬长补短"。结果是好的更好，不好的也得到了提高。

> 没一己之聪明，虽圣人不能智；用天下之耳目，虽众人不能愚。

译文

只凭个人的聪明，虽然是圣人也不能称之为智慧；借助天下人的耳目，即使是普通人也不能说他愚蠢。

评点

人越到高位，越不明白这个简单的道理。

> 罗百家者，多浩瀚之词；工一家者，有独诣之语。学者欲以有限之目力，而欲竟其津涯；以鲁莽之心思，而欲探其蕴奥，岂不难哉？故学贵有择。

译文

包罗百家之书，多浩瀚的词汇；专工一家之书，有独到的言论。学者想以有限的目力，而欲学尽无数的典籍；以鲁莽的心思，而想探究无穷的奥秘，岂不困难吗？因此学习贵在有所选择。

评点

学习应扬长避短，要有所强，有所专。而能这样做，必须有分析，有取舍。

> 性躁急人常令之理纷解结，性迟缓人常令之逐猎追奔。推此类，则气质之性无不渐反。

译文

　　性情急躁的人要常让他整理纷乱的麻，解开打死的结，性情迟缓的人要常让他参加须追逐奔跑的狩猎。依此类推，那么人的气质本性都可以渐渐改变。

评点

　　这是有针对性的教学方法，很实用。

> 学问博识强记易，会通解悟难。会通到天地万物为一，解悟到幽明古今无间，为尤难。

译文

　　学问博识强记容易，融会贯通、理解彻悟难。融会贯通到天地万物为一，理解彻悟到幽明古今无间，尤其难。

评点

　　达不到这个地步，不能成为真正有创造性的大学者。

第三卷 内 篇

应 务

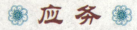

> 闲暇时留心不成，仓卒时措手不得，胡乱支吾，任其成败，或悔或不悔，事过后依然如昨。世之人如此者，百人而百也。"凡事豫则立"，此五字极当理会。

译文

　　闲暇的时候不留心，仓促中就会措手不及，胡乱应对，任其成败，或者后悔或者不后悔，事情过后依然如故。世上的人持这种态度的，一百人中就有一百人。"凡事豫则立（做任何事只要事先准备就能成功）"，这五个字极应该好好理会。

评点

　　这一章是应务，讲的是应对一些事务的办法，是吕坤的人生体验。

　　"凡事豫则立，不豫则废。"见《中庸》第二十章。这段话的意思很明确，是以往教训的总结。

> 道眼在是非上见；情眼在爱憎上见；物眼无别白，浑沌而已。

译文

　　遇到是非可以从眼光中看出是否有道；遇到爱憎可以从眼光中看出是否有情；充满物欲的眼不辨黑白，只是浑浑沌沌而已。

评点

眼睛是心灵之窗，是难以伪饰的。看一个人如何，大致可从眼神中看出。

> 余行年五十，悟得"五不争"之味。人问之，曰："不与居积人争富，不与进取人争贵，不与矜饰人争名，不与简傲人争礼节，不与盛气人争是非。"

译文

我活了五十年，才体会到"五不争"的真味。有人问什么是"五不争"，我说："不和聚敛财产的人争富，不和醉心仕途的人争贵，不和夸耀文饰的人争名，不和怠慢轻傲的人争礼节，不和盛气凌人的人争是非。"

评点

生活里有些事是应该争的，有些事是不值得争的。这"五不争"中，第五个不争还可斟酌，因为涉及到大是大非时应该争个是非曲直。

> 理直而出之以婉，善言也，善道也。

译文

道理正确并以委婉的语气表达出来，这是善言，也是善道。

评点

这种做法显示了涵养，也比较容易让对方接受。

将事而能弭，当事而能救，既事而能挽，此之谓达权，此之谓才。未事而知其来，始事而要其终，定事而知其变，此之谓长虑，此之谓识。

译文

将要发生的事而能制止，正在发生的事而能补救，已经发生的事而能挽回，这叫做通达权变，这叫做才能。事前而能预知它会到来，事情开始而能估计它的结果，事情确定而能预测它的变化，这叫做深谋远虑，这叫做见识。

评点

对"才"与"识"的诠释。我们通常所说的"才识"，离此差得太远，以后真不敢轻易说有"才识"了。

"察言观色，度德量力"，此八字处世处人一时少不得底。

译文

"察言观色，度德量力"，这八个字是处世待人一时也缺少不了的。

评点

"察言观色"是观察对方，"度德量力"是考量自己。处世待人时，于人于己都要多思虑。

> 我益智，人益愚；我益巧，人益拙。何者？相去之远而相责之深也。惟有道者，智能谅人之愚，巧能容人之拙，知分量不相及，而人各有能不能也。

译文

　　我越是聪明，别人越愚蠢；我越是灵巧，别人越笨拙。为什么呢？相去太远而相责太深的缘故。唯有道德修养高的人，自己聪明能体谅别人的愚蠢，自己灵巧能体谅别人的笨拙，知道每人的天资不同，而各有所长各有所短。

评点

　　怎样看待自己和怎样看待别人，这是大学问。这门功课一定要学好。

> 贫贱以傲为德，富贵以谦为德，皆贤人之见耳。圣人只看理当何如，富贵贫贱除外算。

译文

　　贫贱要以傲为美德，富贵要以谦为美德，这都是贤人的见解。圣人只看按道理该当如何，不管富贵贫贱。

评点

　　还是圣人的看法有理。

> 使气最害事，使心最害理，君子临事平心易气。

译文

　　意气用事最容易坏事，使用心计最能害理，君子遇事常常平心静气。

评点

遇事心平气顺，便能政通人和。

> 字到不择笔处，文到不修句处，话到不检口处，事到不苦心处，皆谓之自得。自得者，与天遇。

译文

写字到了不用选择笔的时候，做文章到了不用修饰句子的时候，说话到了不用斟酌的时候，办事到了不用费心的时候，都可以称作自得。自得的人是与天相感相通的。

评点

自得是一种境界，能进入这个境界当然值得高兴，但要付出多大的努力啊！

> 非谋之难，而断之难也。谋者尽事物之理，达时势之宜，意见所到不患其不精也。然众精集而两可，断斯难矣。故谋者较尺寸，断者较毫厘；谋者见一方至尽，断者会八方取中。故贤者皆可与谋，而断非圣人不能也。

译文

谋划不是难事，决断才是难事。善谋划的人能穷尽事物的道理，通晓时势的需要，提出的意见不怕不精粹。然而集中众人意见的精华，面临两可的选择时，如何决断就很难了。所以善谋划的人以尺寸来比较，善决断的人以毫厘来比较；善谋划的人能将某一方面研究得非常详尽，善决断的人能会合八方意见而取其最佳。因此贤者都可以参与谋划，但做决定则非圣人不行。

评点

所以善谋划的人常做幕僚，善决断的人适当将帅。

处事先求大体，居官先厚民风。

译文

处理事情应先顾大局、识大体，为官要先厚当地的民风。

评点

看看一个地方的民风如何，便可大致知道当地父母官干得怎样。

临义莫计利害，论人莫计成败。

译文

事关道义大事不要计较利害得失，看人不要计较成功还是失败。

评点

只计较眼前利益、只以成败论英雄的人是目光短浅的人。

轻信骤发，听言之大戒也。

译文

轻信别人的话并急于发表看法，这是听取进言的人的大戒。

评点

这种"进言"还不如不听。

> 君子与人共事，当公人己而不私。苟事之成，不必功之出自我也；不幸而败，不必咎之归诸人也。

译文

君子和人共事，应当公正地对待别人和自己，不应该自私。如果事情成功了，不必把功劳都归自己；如果事情不幸失败了，也不必把过错都推给别人。

评点

当没人愿意和你共事的时候，你应该找找你自己的原因。

> 巧者，气化之贼也，万物之祸也，心术之蠹也，财用之灾也，君子不贵焉。

译文

伪诈，是阴阳之气变化的贼子，是天下万物的祸害，是坏人心术的蠹虫，是靡费财用的灾殃，君子不以伪诈为贵。

评点

吕坤或许碰到过伪诈之人，受尽苦头，不然何以针针见血？

正直之人能任天下之事，其才其守小事自可见。若说小事且放过，大事到手才见担当，这便是饰说，到大事定然也放过了。松柏生小便直，未有始曲而终直者也。若用权变时，另有较量，又是一副当说话。

译文

正直的人能担负天下大事，他的才能、操守在小事上就可以表现出来。如果说小事暂且放过，遇到大事才去担当，这便是掩饰的话，真遇到大事必然也会放过。松柏在还是小树时就是直的，没有开始弯曲而最终挺直的。如若是随机应变，就另有标准衡量，又当别论了。

评点

任何时候都不要拒绝小事。

悔前莫如慎始，悔后莫如改图，徒悔无益也。

译文

与其怕将来后悔，不如在开始时就慎重；如果事后后悔，不如修改计划，光是后悔是没有益处的。

评点

"慎始"和"改图"确是应对后悔的良策。

当事有四要：际畔要果决，怕是绵；执持要坚耐，怕是脆；机括要深沉，怕是浅；应变要机警，怕是迟。

译文

遇事有四点要注意：事到临头要果决，怕的是绵软；行事要坚韧不拔，怕的是脆弱；运用权力要深沉，怕的是浅显；应变要机警，怕的是迟缓。

评点

"四要"与"四怕"都说在了根本处。吕坤在提出忠告时，往往还加以警示。

> 上士会意，故体人也以意，观人也亦以意。意之感人也深于骨肉，意之杀人也毒于斧钺。鸥鸟知渔父之机，会意也，可以人而不如鸥乎？至于证、色、发、声而不观察，则又在"色斯举矣"之下。

译文

高明的人领悟人的能力很强，所以亲近人用心意，观察人也用心意。用心意去感动人要深于骨肉至亲，用心意去杀人要比斧钺还毒辣。鸥鸟能看出渔父的杀机，这是会意的缘故，人怎么还不如鸥鸟呢？至于对预兆、颜色、表现、声音不注意观察，则还不如看见人的脸色不好就振翅而飞的鸟聪明呢。

评点

"色斯举矣"出自《论语·乡党》，意思是鸟见人脸色不善则飞走。这段话说的是应该学会领会别人没有明白表示的意思。吕坤善用比喻，这比干巴巴地讲道理强百倍。

上智不悔，详于事先也；下愚不悔，迷于事后也。惟君子多悔，虽然，悔人事不悔天命，悔我不悔人。我无可悔，则天也人也听之矣。

译文

有很高智慧的人做事不后悔，因为事先有了周密的准备；特别愚蠢的人做事不后悔，因为事后还是迷迷糊糊。只有君子经常后悔，虽然如此，君子是后悔没有尽到人事而不是抱怨命运不济，是后悔自己做得不好而不是抱怨别人。我没有什么可后悔的，天命也罢别人也罢，我都听之任之。

评点

从做事后悔不后悔，可以看出不同的人性、不同的人生态度。

无谓人唯唯，遂以为是我也；无谓人默默，遂以为服我也；无谓人煦煦，遂以为爱我也；无谓人卑卑，遂以为恭我也。

译文

不要看人唯唯诺诺，就以为是赞成自己；不要看人沉默不语，就以为是佩服自己；不要看人温暖可亲，就以为是热爱自己；不要看人谦卑恭顺，就以为是尊敬自己。

评点

很对。应透过现象看本质，透过表面看内心。

固可使之愧也，乃使之怨；固可使之悔也，乃使之怒；固可使之感也，乃使之恨——晓人当如是邪？

译文

本来可以使对方惭愧，却招致了埋怨；本来可以使对方悔恨，却招致了愤怒；本来可以使对方感动，却招致了仇恨——明白人应当这么做吗？

评点

方法不当，结果却大相径庭。可见方法的重要！

君子不受人不得已之情，不苦人不敢不从之事。

译文

君子不接受别人不得已之情，不勉强别人做不敢不服从之事。

评点

尊重对方，才不勉强对方；不勉强人，也是对自身的尊重。

你说底是我便从，我不是从你，我自从是，何私之有？你说底不是我便不从，不是不从你，我自不从不是，何嫌之有？

译文

你说得对我便听从，我不是听从你，我是听从正确的道理，这有什么偏私呢？你说得不对我便不听从，我不是不听从你，我是不听从不正确的道理，这有什么疑惑呢？

评点

能想得清这个道理，便不会为听从不听从别人的意见而为难了。

争利起于人各有欲，争言起于人各有见。惟君子以淡泊自处，以知能让人，胸中有无限快活处。

译文

相互争利起因于人们各自都有欲望，相互争辩起因于人们各自都有看法。只有君子能以淡泊的心理对待自己，以智慧和能力谦让于人，这样胸中自然有无限快活之处。

评点

现代人常说"活得累"，这多和欲望增多、内心失衡有关，不妨试一试心理疗法。

善用力者举百钧若一羽，善用众者操万旅若一人。

译文

善于用力的人举起百钧之物如同举起一根羽毛，善于用兵的人指挥万旅之军如同指挥一人。

评点

人的能力千差万别，善于用人最重要——让善用兵的人去举百钧之物，让善用力的人去带百万大军，结果会怎么样？

见事易,任事难。当局者只怕不能实见得,果实见得,则死生以之,荣辱以之,更管甚一家非之、一国非之、天下非之。

译文

看事容易,做事难。当事人只怕不能认识清楚,果然认清了,就要不畏生死,荣辱由之,更不要管什么一家的非难、一国的非难、天下的非难。

评点

想成大事业,非得有这种精神不可。

以至公之耳听至私之口,舜、跖易名矣。以至公之心行至私之间,黜陟易法矣。故兼听则不蔽,精察则不眩,事可从容,不必急遽也。

译文

以大公无私之耳听私心极重的人的话,舜和跖的名字就会颠倒。以大公无私之心走到私心极重的人中间,人才进退的法则就会改变。所以兼听则不会被蒙蔽,精察则不会被迷惑,事情可以从容,就不必太着急。

评点

应记住的是:偏听则暗,急中生错。

❀ 养生 ❀

天地间之祸人者,莫如多;令人易多者,莫如美:美味令人多食,美色令人多欲,美声令人多听,美物令人多贪,美官令人多求,美室令人多居,美田令人多置,美寝令人多逸,美言令人多入,美事令人多恋,美景令人多留,美趣令人多思,皆祸媒也。不美则不令人多,不多则不令人败。予有一室,题之曰"远美轩",而匾其中曰"冷淡"——非不爱美,惧祸之及也。夫鱼见饵不见钩,虎见羊不见阱,猩猩见酒不见人,非不见也,迷于所美而不暇顾也。此心一冷,则热闹之景不能入;一淡,则艳冶之物不能动。夫能知困穷抑郁、贫贱坎坷之为祥,则可与言道矣。

译文

天地间害人的,比不上"多";诱使人去追求"多"的,首推"美":美味令人多食,美色令人多欲,美声令人多听,美物令人多贪,美官令人多求,美室令人多居,美田令人多置,美觉令人多睡,美言令人多闻,美事令人多恋,美景令人多留,美趣令人多思,这些都是灾祸的媒介。不美则不会令人多求,不多求则不会令人败落。我有一室,题名为"远美轩",室内挂一匾为"冷淡"——不是不爱美,是怕灾祸上身。鱼只看见鱼饵而看不见鱼钩,虎只看见羊而看不见陷阱,猩猩只看见酒而看不见人,不是真看不见,是迷于所爱而无暇顾及其余。贪婪的心一冷,则热闹的景观视之无物;贪婪的心一淡,则美艳之物不能打动。如果谁能认识到困穷抑郁、贫贱坎坷实则是吉样,那就可以和他谈道了。

评点

这一章讲的是养生之道，所占篇幅不多，但可从中了解吕坤对于如何养生的独到见解。

美并不能害人，害人的是对美的病态的追求。同样道理，穷困抑郁、贫贱坎坷也不是吉祥。吕坤的"远美""冷淡"实际是提醒自己不要被物欲所迷惑。被物欲所迷惑，灾祸就要上身，养生也就谈不到了。

> 以肥甘爱儿女而不思其伤身，以姑息爱儿女而不恤其败德，甚至病以死、犯大辟而不知悔者，皆妇人之仁也。噫！举世之自爱而陷于自杀者，又十人而九矣！

译文

以美味的食品溺爱儿女而不想会伤害他们的身体，以姑息纵容溺爱儿女而不怕会败坏他们的品德，甚至他们因伤害了身体而病死、因败坏了品德而犯了死罪还不知悔恨，这都是妇人之仁。噫！世上因溺爱儿女而实际上害了他们的，十个人里面有九个啊！

评点

把教育子女问题放到养生章里来讲，可见是把这一问题视为养生的重要内容了。这里面的逻辑关系是：儿女因被家长溺爱而出了事，父母还谈什么"养生"呢？他们的心都碎了，自然也养不了生了。

> 愚爱谈医，久则厌之。客言及者，告之曰："以寡欲为'四物'，以食淡为'二陈'，以清心省事为'四君子'。无价之药，不名之医，取诸身而已。"

我爱谈论医道，时间一长就厌烦了。客人谈到医学的问题，我告诉他说："以寡欲为'四物汤(注:中药汤剂,下同)'，以食淡为'二陈汤'，以清心省事为'四君子汤'。无价之药，无名之医，取之于自身而已。"

评点

吕坤的养生方法不是吃什么、喝什么，而是清心寡欲，外加淡食。这绝对是有科学道理的。

> 仁者寿，生理完也；默者寿，元气定也；拙者寿，元神固也。反此皆夭道也。其不然，非常理耳。

译文

仁爱的人长寿，因为他们的养生之理完备；沉默的人长寿，因为他们的元气安定；拙笨的人长寿，因为他们的元神牢固。与此相反的都是夭折之道。如果不是这样，就不是常理了。

评点

吕坤的养生之道非常重视品性的因素，比如清心寡欲啊，仁爱沉默啊，等等。在他看来，修心养性就是一种养生。

第四卷 外 篇

 天 地

气化无一息之停，不属进就属退。动植之物，其气机亦无一息之停，不属生就属死，再无不进不退而止之理。

译文

阴阳之气的变化没有一刻停止，不属于进就属于退。动物、植物，其气的变化也没有一刻停止，不属于生就属于死，再没有不进不退而停止的道理。

评点

这一章讲的是对天地变化的看法。明面上说的是天地，扯来扯去说的还是人。

世间万物都在变化，人也在变：不是变好，就是变坏。修养身心的目的，就是要使人变得更美好，更崇高。

生气醇浓混沌，杀气清爽澄澈；生气牵恋优柔，杀气果决脆断；生气宽平温厚，杀气峻隘凉薄。故春气氤缊，万物以生；夏气熏蒸，万物以长；秋气严肃，万物以入；冬气闭藏，万物以亡。

译文

春气、夏气是生物之气，秋气、冬气是肃杀之气。因此生气是醇厚混浊的，杀气是清爽澄澈的；生气是牵恋优柔的，杀气是果决脆断的；生气是宽平温厚的，杀气是峻隘凉薄的。所以春气温暖和煦，万物得以出生；夏气炎热蒸腾，万物得以成长；秋气严峻肃杀，万物得以收获；冬气闭塞收藏，万物就会消亡。

评点

四季的变化象征着人生的四个阶段：夏天我们出生，夏天我们成长，秋天我们收获，冬天我们走向最终的归宿。光阴荏苒，莫辜负了少年时！

> 天地万物只是一个"渐"，故能成，故能久。所以成物悠者，渐之象也；久者，渐之积也。天地万物不能顿也，而况于人乎？故悟能顿，成不能顿。

译文

天地万物只因一个"渐"字，就能成，就能久。所以天地万物形成时间悠远，这是渐的缘由；长久，这也是渐积累起来的缘由。天地万物尚且不能速成，何况是人呢？因此悟彻可以在很短的时间里做到，而成就一番事业却不可能一蹴而就。

评点

没有人以为天地万物形成于瞬间，却总有人寄希望于一夜成名。这是什么原因呢？

> 天欲大小人之恶，必使其恶常得志。彼小人者，惟恐其恶之不遂也，故贪天祸，以至于亡。

译文

上天要想加大小人的罪恶，一定要让他的罪恶常常得逞。而那些小人呢，又唯恐他的罪恶不能实现，所以就乞求上天保佑(实际就是贪求上天降下的灾祸)，以至于最后灭亡。

评点

对"上天保佑"的解释有了新角度。看来不管是好人还是坏人，上天都是保佑的。

> 心就是天。欺心便是欺天，事心便是事天，更不须向苍苍上面讨。

译文

人心就是苍天。欺骗自心就是欺骗苍天，侍奉自身的心灵就是侍奉苍天，更没有必要去向上苍寻讨。

评点

虚无飘渺的苍天就是实实在在的人心。与其向上苍乞福，不如拍着良心行事。

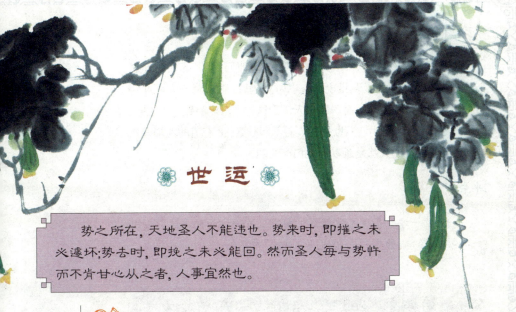

世 运

> 势之所在，天地圣人不能违也。势来时，即摧之未必遽坏；势去时，即挽之未必能回。然而圣人每与势忤而不肯甘心从之者，人事宜然也。

　　势存在的地方，天地和圣人都不能违背。势来的时候，即使要摧毁它也未必能很快奏效；势去的时候，即使要挽救它也未必有挽回的可能。然而圣人往往与势相对抗而不肯甘心顺从，这是人事所应当做的。

　　这一章讲的是世运，即世事盛衰治乱的更迭变化。

　　关于势，中国老话有"大势所趋"，有"识时务者为俊杰"，意思是不要和势相对抗；但也有"事在人为"，有"明知不可为而为之"，强调的是主观能动性，强调的是对势的抗争。而后者的精神，因体现出责任感和勇气，往往更被儒家所赞赏。

> 世人贱老，而圣王尊之；世人弃愚，而君子取之；世人耻贫，而高士清之；世人厌淡，而智者味之；世人恶冷，而幽人宝之；世人薄素，而有道者尚之。悲夫！世之人难与言矣。

译文

　　世上的人轻视老人，而圣明的君王尊重他们；世上的人抛弃愚拙，而君子追求那种境界；世上的人以贫穷为耻，而高尚的人以此为太平；世上的人讨厌平淡，而聪明的人认为这样才可以品味；世上的人厌恶清冷，而隐士视为可贵；世上的人看不起朴素，而有道的人却很崇尚。可悲啊！世上的人都是难以和他们交谈的。

评点

　　这段话一方面表现了对世俗的鄙视，另一方面也由此引发出作者的深深的孤独感——这也是"呻吟"吧？

　　士鲜衣美食，浮谈轻说，玩日愒时，而以农工为村鄙；女傅粉簪花，冶容学态，袖手乐游，而以勤俭为羞辱；官盛从丰供，繁文缛节，奔逐世态，而以教养为迂腐。世道可为伤心矣！

译文

　　读书人鲜衣美食，高谈阔论，日日游玩，虚度时光，却认为农夫工匠村野粗俗；女人抹粉簪花，艳丽多姿，扭捏作态，袖手乐游，却以勤俭为羞耻；官吏前呼后拥，供给丰厚，繁文缛节，追逐世态，却把教养看做是迂腐。这样的世道真可为之伤心啊！

评点

　　作为封建统治阶级的一员，作为上层知识分子，吕坤能发出这样的感慨，对不公的世道加以毫不留情的抨击，真是十分难得！

❀ 圣贤 ❀

孔、颜穷居，不害其为仁覆天下。何则?仁覆天下之具在我，而仁覆天下之心未尝一日忘也。

译文

孔子和颜渊贫困一生，未曾显达，但这种生活状况并不妨害他们将仁德覆盖天下。为什么呢?以仁德覆盖天下的才能与操守就在他们身上，而要以仁德覆盖天下的思想他们一天也没有忘记。

评点

这一章讲的是圣贤之事。

既是圣贤，自然与众不同，这不同就体现在圣贤教化、改造世道的决心决不会因环境的变化而有所改变。

圣人不落气质，贤人不浑厚便直方，便著了气质色相。圣人不带风土，贤人生燕赵则慷慨，生吴越则宽柔，就染了风土气习。

译文

圣人不会落入气质之性中，而贤人不是浑厚便是耿直方正，这就是沾染了气质的色相。圣人不会带有风土人情的印痕，而贤人生于燕赵之地则慷慨激昂，生于吴越之地则宽厚柔和，这就是沾染了风土人情、气性习俗的影响。

评点

圣人可敬而不可亲、不可及。贤人虽不是完人，但可以理解，可以效法。

所贵乎刚者，贵其能胜己也，非以其能胜人也。子路不胜其好勇之私，是为"勇"字所伏，终不成个刚者。圣门称刚者谁?吾以为恂恂之颜子，其次鲁钝之曾子而已，余无闻也。

译文

刚之所以可贵，是因为能用来战胜自己，并不是用来战胜别人。子路不能战胜自己好勇的缺点，是被"勇"字所降服，到底没能成为刚者。圣人门中谁可以称之为刚者呢?我看恭敬谨慎的颜渊可称为刚者，其次是鲁钝的曾参，余下的就没有听说了。

评点

战胜自己比战胜别人难。只有能战胜自己，才可能战胜别人。因此吕坤视能战胜自己的颜渊、曾参为刚者。

圣人妙处在转移人不觉。贤者以下便露圭角，费声色做出来，只见张皇。

译文

圣人的妙处是在不知不觉中教化人们。贤者以下的人在教化人时便露出了棱角，费心费力做出来，却只看见了张狂。

评点

能在不知不觉中教化人，这是教育的高境界。

积爱所移，虽至恶不能怒，狃于爱故也。积恶所习，虽至感莫能回，狃于恶故也。惟圣人之用情不狃。

译文

　　因对某一事物长期喜爱而改变性情，即使这一事物后来非常招人厌恶也不会生气，这是习惯了爱的缘故。因对某一事物长期厌恶而养成习惯，即使这一事物后来极其让人感动也不能挽回，这是适应了厌恶的缘故。只有圣人用情不被习惯所拘泥。

评点

　　这叫感情用事，这叫有成见，这叫"戴着有色眼镜"。这种做法既害人又害己。

　　天道以无常为常，以无为为为。圣人以无心为心，以无事为事。

译文

　　天道以反复变化为正常，以无所作为为作为。圣人以没有心为心，以没有事为事。

评点

　　古人常说"天道无常"，所以无常就是正常；古人又说"天道自然"，因此无所作为就是作为。圣人加强修养，调整心态，以至"不以物喜，不以己悲"，"无心"便成为更高境界的"心"；进入这样的层次，圣人做事即可"随心所欲"，任由驰骋，既不会违背自然规律，又没有烦恼痛苦，当然是"以无事为事"。

　　圣人不强人以太难，只是拨转他一点自然底肯心。

译文

圣人不强人所难，只是拨动对方一点自然而然的上进之心。

评点

这是已被证实的行之有效的教育方法。

> 圣人平天下不是夷山填海，高一寸还他一寸，低一分还他一分。

译文

圣人平定天下不是像移山填海那样，而是高一寸就去掉一寸，低一分就补上一分。

评点

这段话讲的是两种平定天下的方法，一种是移山填海式，一种是削高补低式，两种方法的手段和社会效果明显不同。吕坤肯定的是后一种。

> 有相予者，谓面上部位多贵，处处指之。予曰："所忧不在此也。没相予一心要包藏得天下理，相予两肩要担当得天下事，相予两脚要踏得万事定，吾不贵，予奚忧？不然予有愧于面也！"

　　有人为我相面，说我脸上有很多贵相，还一一指出。我说："我的忧虑不在这里。你要能给我相出我这颗心能包藏住天下的道理，相出我的两肩能担当起天下的大事，相出我的两脚能在万事面前站稳脚根，我虽然不富贵，但还有什么忧愁呢？不然的话，我会有愧于我这张脸啊！"

评点

　　这种"以天下为己任"的情感在《呻吟语》中有多处表达，可敬！

> 　　伯夷见冠不正，望望然去之，何不告之使正？柳下惠见袒裼裸裎，而由由与偕，何不告之使衣？故曰：不夷不惠，君子居身之珍也。

译文

　　伯夷看见有人帽子没有戴正，就惭愧地离开了，他为什么不告诉对方要戴正帽子呢？柳下惠见一女子赤身裸体，还能控制住自己和她在一起，但为什么不让她穿上衣服呢？所以说：既不要像伯夷那样做人，也不要像柳下惠那样做人，这是君子立身的根本。

评点

　　意思是，有修养的人不但要自己修养，还要帮助别人提高修养，否则便不是君子。在这里，吕坤针对如何做人提出了更高的要求。

❋ 品 藻 ❋

> 一种人难悦亦难事，只是度量褊狭，不失为君子；一种人易事亦易悦，这是贪污软弱，不失为小人。

译文

有一种人难让他高兴也难和他共事，他只是度量褊狭，还不失为君子；有一种人容易共事也容易让他高兴，他这是贪心孱弱，不能不称之为小人。

评点

这一章讲的是品藻，即评论人物、鉴定等级的意思。君子和小人的区别在于人格的高下。如果与小人相处甚安，那么只有两个原因：或者你就是小人——你有求于他，或者你是个糊涂虫——他有求于你。

> 达人落叶穷通，浮云生死。高士睥睨古今，玩弄六合。圣人古今一息，万物一身。众人尘弃天真，腥集世味。

译文

豁达的人视贫困显贵如落叶，看生死如浮云。高士傲视古今，天地四方玩弄于股掌之中。圣人把古今看做一瞬之间，将万物与自身合为一体。普通人抛弃天真，奔逐世态人情。

评点

四种人各具神态。唯普通人离我们最近。天真是没有受到礼俗影响的人的本性。普通人抛弃天真，奔逐世俗，如此生活令人沉思。

古今士率有三品：上士不好名，中士好名，下士不知好名。

译文

古今的读书人大体分为三等人：上等的不喜爱名声，中等的喜爱名声，下等的不知道喜爱名声。

评点

以是否好名将读书人分等，真是巧思，也真抓住了特点。

上士重道德，中士重功名，下士重辞章，斗筲之人重富贵。

译文

上等的读书人看重道德，中等的读书人看重功名，下等的读书人看重辞章，平庸的人看重富贵。

评点

看重有所不同，追求手段也就有所不同，于是古往今来上演了多少出难以写尽的"人间喜剧"啊！

有过不害为君子。无过可指底，真则圣人，伪则大奸——非乡愿之媚世，则小人之欺世也。

译文

有过失的人不妨害成为君子。没有过失可指责的人，真的则是圣人，伪装的就是大奸——不是那种表面谨顺、实则同流合污的人，就是欺世盗名的小人。

评点

君子不会掩饰自己的过失，小人则不会承认自己的过失。从能否正视过失，即可分辨出君子或小人。

气节信不过人。有出一时之感慨则小人能为君子之事，有出于一念之剽窃则小人能盗君子之名。亦有初念甚力久而屈其雅操，当危能奋安而丧其平生者。此皆不自涵养中来。若圣贤学问，至死更无破绽。

译文

对一个人表现出的气概和节操是不能完全相信的。有的小人出于一时感情冲动也能做出君子才能做出的事，有的小人出于骗取名声的一闪之念也会盗用君子的名义。也有的人最初想法很好并很努力，但时间久了高尚的操守便消磨掉了；还有的人在危难中能够奋起，但在安乐中却丧失了平生的志向。这些都不是从涵养中得来的。假若是圣贤的学问，至死都不会有破绽的。

评点

吕坤认为，看一个人不能看他一时的表现，而应全面地看、发展地看、透过现象找本质地看。这种方法直至今天仍是值得肯定的。

君子之交怕激，小人之交怕合。斯二者祸人之国，其罪均也。

译文

君子之交怕激发，小人之交怕和同。这二者的结局都能祸国殃民，罪过是一样的。

评点

君子激发则两败俱伤，小人和同则狼狈为奸，所以二者都能祸国殃民。

不欲为小人，不能为君子，毕竟作甚么人？曰：众人。既众人，当于众人伍亦，而列其身名于士大夫之林，可乎？故众人而有士大夫之行者荣，士大夫而为众人之行者辱。

译文

不想做小人，也不能成为君子，究竟想做个什么人呢？回答说：想做个普通人。既然做个普通人，就应当与普通人在一起，但又想列身排名于士大夫之中，可以吗？所以虽是普通人却有着士大夫品行的就是值得荣耀的，虽是士大夫却有着普通人品行的就是值得耻辱的。

评点

不想干当官的应干的事，却想拿当官的不该拿的钱——这样的人就是上面所说的人吧？

烈士死志，守士死职，任士死怨，忿士死斗，贪士死财，躁士死言。

译文

有志于建立功业的人为志向而死，有操节的人为职守而死，能担负职务的人为怨愤而死，愤怒的人为争斗而死，贪婪的人为财而死，暴躁的人为言而死。

评点

人生的结局走向与抱负、操守、品德、性格等因素有关。知道了这一点，便可以或当心，或警惕，或改变，以使生命之花更美丽。

> 知其不可为而遂安之者，达人智士之见也。知其不可为而犹极力以图之者，忠臣孝子之心也。

译文

知道事情不可为而能安于现状的，这是达人智士的见识。知道事情不可为却仍要努力去改变的，这是忠臣孝子的用心。

评点

知其不可为而不为，这是现实主义者；知其不可为而为之，这是浪漫主义者。现实主义者的世界平和安定，浪漫主义者的世界激昂进取。世上都是现实主义者，便太平庸了；世上都是浪漫主义者，便太动荡了。

> 无心者公，无我者明。当局之君子不如旁观之众人者，有心、有我之故也。

译文

没有私心的人公正，摆脱自我的人明智。正在下棋的君子不如旁观的看客清醒，那是因为有私心、有自我的缘故啊。

评点

有两点启示：其一，当局者迷，旁观者清。旁观的看客未必高明，只缘置身其外。君子应有自知之明。其二，做任何事，只要牵扯到自身的利益，便要警觉。抛开私心，就是另一个天地。

君子豪杰战兢惕励，当大事勇往直前；小人豪杰放纵恣睢，拼一命横行直撞。

译文

君子中的豪杰战战兢兢、心存戒慎，遇到大事能勇往直前；小人中的豪杰放纵胡为，遇事拼着性命横行直撞。

评点

都是"豪杰"，表现却天上地下，原因在于本质不同。

乐要知内外。圣贤之乐在心，故顺逆穷通随处皆泰。众人之乐在物，故山溪花鸟遇境才生。

译文

快乐要知道分内外。圣贤的快乐在内心，所以无论是顺境还是逆境、穷困还是显达，任何时候都泰然自若。普通人的快乐在外物，因此只有遇到山溪花鸟这样的美景才会产生。

评点

快乐在内心，是因为内心是平静的；快乐在外物，是因为内心不平静，暂时纵情于山水。境界之高下，二者分明。

不当事不知自家不济。才随遇长，识以穷精。坐谈先生，只好说理耳。

译文

没有遇到事不知道自己不行。才能是随着遭遇增长的,见识是因追究到底而精进。坐而论道的先生,只好说说道理罢了。

评点

纸上谈兵的赵括在长平葬送了赵国的四十万大军,自己也身丧名裂,成为后人的笑谈。其实若追究起来,任命毫无作战经验的赵括担当主帅的赵王应负主要责任。赵括勇气可嘉,假如没有战死,经过磨练,或许他也能青史留名。才能与见识都不是天生的,这需要锻炼,需要机遇,而前辈们需要做的便是给这些年轻人创造条件与机会。

> 于天理汲汲者,于人欲必淡。于私事耽耽者,于公务必疏。于虚文烨烨者,于本实必薄。

译文

努力追求天理的人,对人欲必淡泊。沉溺于私事的人,对公务必疏忽。过于看重虚文的人,对实际必轻视。

评点

吕坤的眼真"刁",一眼就看到了人心里。这些人的求彼舍此,是不是因为"一心不可二用"呢?

> 建天下之大事功者,全要眼界大。眼界大则识见自别。

译文

　　建立天下的大事业的人，全靠眼界开阔。眼界开阔则见识自然与众不同。

评点

　　封闭的结果就是夜郎自大，开阔眼界也是一种学习。

> 　　一切人为恶犹可言也，惟读书人不可为恶，读书人为恶更无教化之人矣。一切人犯法犹可言也，惟做官人不可犯法，做官人犯法更无禁治之人矣。

译文

　　所有人全做坏事都还可说，只有读书人不可做坏事，读书人做坏事就没有教育、感化人的人了。所有人全犯法都还可说，只有做官的人不能犯法，做官的人犯法就没有禁止、管治人的人了。

评点

　　教育和法治，连古人都知道其重要性。

第五卷 外 篇

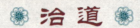

治 道

> 庙堂之上以养正气为先，海宇之内以养元气为本。能使贤人、君子无郁心之言，则正气培矣；能使群黎百姓无腹诽之语，则元气固矣。此万世帝王保天下之要道也！

译文

朝廷上应以树立正气为先，海内应以涵养元气为本。能使贤人、君子没有憋闷在心里的话，那么正气就培养起来了；能使黎民百姓心中没有怨言，那么元气就坚固了。这是历代帝王确保江山的重要道理啊！

评点

这一章讲的是治理的道理，也是《呻吟语》的重点篇章。吕坤为官二十余年，施政经验丰富，熟悉官场，这一章所说的当是他的心得体会和感受。

树立正气、涵养元气，广开言路是必不可少的。要能使人知无不言、言无不尽，必要有言者无罪、闻者足戒的气度与体制。

> 当事者若执一簿书寻故事，遁弊规，只用积年书手也得。

译文

当政的人若是只拿着一本官样的文书从中搜寻过去的做法,沿袭满是弊病的陈规,那么只要任用一个多年担任抄写工作的书吏就可以了。

评点

应建立这样一种机制,即让只想"当一天和尚撞一天钟"的人当不成不念真经的"和尚"。

> 兴利无太急,要左视右盼;革弊无太骤,要长虑却顾。

译文

兴办有利的事业不要太急,要左右看看;革除弊端不要太快,要有长远考虑,还要回过头来总结。

评点

施政忌讳朝令夕改。为了不至于朝令夕改,有大举措之前务必要慎重,充分权衡利弊,然后再实行。

> 能使天下之人者,惟神,惟德,惟惠,惟威。神则无言无为而妙应如响,德则共尊共亲而归附自同,惠则民利其利,威则民畏其法。非是则动众无术矣。

译文

能够役使天下之人的，只有神，只有德，只有惠，只有威。神无言无为，然而百姓无不顶礼膜拜；德使人共尊共亲，自然归附依从；惠让民众得到实在的好处；威令人民害怕法律的制裁。除此之外则没有办法让民众听从指挥了。

评点

以德治国最佳，恩威须并举，还要恰到好处；神最不可取，愚民政策早晚要搬起石头砸自己的脚。

> 圣明之世，情、礼、法三者不相忤也。末世情胜则夺法，法胜则夺礼。

译文

政治清明之世，情、礼、法这三者并不是相互抵触的。只是到了衰微的世道，人情如占了上风则法律不明，法律压制了礼仪则道德沦丧。

评点

礼仪在人情和法律面前，常扮演弱者的尴尬角色。

> 精神爽奋则百废俱兴，肢体息弛则百兴俱废。圣人之治天下，鼓舞人心，振作士气，务使天下之人如含露之朝叶，不欲如久旱之午苗。

译文

精神爽朗振奋则百废俱兴，身体怠惰松懈则百兴俱废。圣人治理天下，应鼓舞人心，振作士气，一定要使天下人像含露的朝叶，不要像久旱的午苗。

评点

怎么样使天下人像含露的朝叶而不像久旱的午苗，这是为政者必须要不断解决的难题。

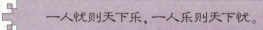
一人忧则天下乐，一人乐则天下忧。

译文

君主一人担忧则天下的人快乐，君主一人快乐则天下的人担忧。

评点

在专制社会，只能寄希望于君主，真是可悲！

天下所望于圣人，只是个"安"字；圣人所以安天下，只是个"平"字。平则安，不平则不安矣。

译文

天下人对圣人所期盼的，只是一个"安"字；圣人之所以能使天下安定，只在于一个"平"字。平则安，不平则天下就不能安宁了。

评点

平安既是老百姓和统治者所共同期盼的，又是他们协力作用的结果。

任是最愚拙人定有一般可用,在善用之者耳。

译文

即便是最愚蠢笨拙的人也一定会有可用之处,只在善于使用他罢了。

评点

扬其所长,避其所短。

公论非众口一词之谓也。满朝皆非而一人是,则公论在一人。

译文

公论并不是指众口一词。满朝的人都错了而只有一个人对,那么公论就在这一个人身上。

评点

真理不能以人多势大取胜。

世教不明,风俗不美,只是策励士大夫。

译文

世道昏暗,风俗丑陋,只应该督促勉励士大夫。

评点

世道昏暗,风俗丑陋,士大夫难辞其咎。

化民成俗之道，除却身教再无巧术，除却久道再无顿法。

译文

要想教化民众、匡正风俗，除了以身作则再没有更巧妙的办法，除了长久坚持再没有更快的办法。

评点

凡一心要"教化"人的人，大多没有把自己也放在被"教化"的人中，所以也总得不到"教化"。这是教化成效历来小的原因之一。

为政之道，第一要德感诚孚，第二要令行禁止。令不行，禁不止，与无官无政同，虽尧、舜不能治一乡，而况天下乎？

译文

处理政务的原则，第一要以德感人，使民众真心信服；第二要令行禁止。令而不行，禁而不止，和无官无政一样，即使是尧、舜也不能治理好一个乡，何况是天下呢？

评点

要做到令行禁止，执法者的素质最重要。

小人只怕他有才，有才以济之，流害无穷。君子只怕他无才，无才以行之，斯世何补？

小人只怕他有才,有才能帮助他成事,流害无穷。君子只怕他无才,无才去干事,对社会有什么补益?

评点

说得对!有才干的君子,这才是社会真正需要的。

> 权之所在,利之所归也。圣人以权行道,小人以权济私。在上者慎以权与人。

译文

权力所在的地方,也就是利益归附的地方。圣人用权推行道义,小人用权谋取私利。居于上位的人在把权力交付给别人的时候要慎重对待。

评点

从古至今,同一个道理。但居于上位的人在把权力交付给别人的时候,仅对他说一声"要慎重对待"是远远不够的。

> 为政者立科条、发号令,宁宽些儿,只要真实行,永久行。若法极精密而督责不严、综核不至,总归虚弥,反增烦扰。此为政者之大戒也。

译文

处理政务的人制定法令条规、发布号令,宁肯宽一些,只是要真正实行,永久实行。假若法令极其严密却督责不严、考核不到,总归全是虚设,反倒增添了烦扰。这是为政者的大戒。

评点

"有法必依,违法必纠。"这句话直到现在还在强调,可见施行起来有多么困难。

> 凡战之道,贪生者死,忘死者生,狃胜者败,耻败者胜。

译文

凡打仗的道理,贪生的人或许死亡,勇敢的人或能生存,只想着胜利的人或许失败,以失败为羞耻的人或能胜利。

评点

这里有辩证法。

> 在上者能使人忘其尊而亲之,可谓盛德也已。

译文

居于上位的人能使人忘记他的尊贵而亲近他,可称得上是有品德的人了。

评点

尊敬或爱戴是两种感情。

有一种人，以姑息匪人市宽厚名；有一种人，以毛举细故市精名，皆偏也。圣人之宽厚不使人有所恃，圣人之精明不使人无所容，孰大中自有分晓。

译文

有一种人，以姑息行为不端的人来博取宽厚的名声；有一种人，以列举琐碎小事来博取精明的名声，这都是不对的做法。圣人的宽厚不会让人有所仗恃，圣人的精明不会让人无所适从，敦厚大度中心里自会明白。

评点

一想去博取宽厚时便不是宽厚，一想去博取精明时已不是精明。

为政者贵因时。事在当因，不为后人开无故之端；事在当革，不为后人长不救之祸。

译文

处理政务的人要重视因袭和掌握时机。有的事应当因袭就可以不变，这样做不会为后人开无故之端；有的事应当变革就必须变革，这样做不会为后人生出不可挽救的祸端。

评点

难就难在怎样决定哪些可以因袭，哪些必须变革。

自委质后，此身原不属我。朝廷名分为朝廷守之，一毫贬损不得，非抗也；一毫高亢不得，非卑也。朝廷法纪为朝廷执之，一毫徇人不得，非固也；一毫任己不得，非葸也。

译文

自从为官以后，此身就不属于自己了。朝廷的名分要为朝廷守护，丝毫不能贬损，这不是刚直；丝毫不能高亢，这不是卑贱。朝廷的法纪要为朝廷执掌，丝毫不能顺从他人，这不是固执；丝毫不能放任自己，这不是畏惧。

评点

服从大局，出以公心，不考虑自己，这才是为官之道。

第六卷 外篇

❀ 人情 ❀

世之人，闻人过失便喜谈而乐道之，见人规己之过既掩护之又痛疾之；闻人称誉便欣喜而夸张之，见人称人之善既盖藏之又搜索之。试思这个念头是君子乎，是小人乎？

译文

世上的人，听说到别人的过失便很高兴谈论并且乐于讲给人听，见人规劝自己的过失则既遮遮掩掩又格外痛恨；听人称赞自己便欣喜不已并四处夸耀，见有人赞许别人的长处则既掩盖又去搜罗其缺点。试想一下有这个念头的人是君子呢，还是小人呢？

评点

这一章讲的是人心、世情。

我们常说要实事求是，正确对待别人和自己，但说起来容易做起来难。然而要是世上的人都不如你，都比你笨，比你穷，比你惨，比你丑，比你坏，你个人还有什么活劲呢？这个世界不是太乏味可怕了吗？

论人情只往薄处求，说人心只往恶边想。此是私而刻底念头，自家便是个小人。古人责人每于有过中求无过，此是长厚心、盛德事。学者熟思，自有滋味。

论到人情只往薄处去想，说到人心只往坏处去想。这是自私而又刻薄的想法，这样的人自己就是个小人。古人要求别人往往是在有过之中求无过，这是厚道心、大德事。学者仔细想想，自会有一番滋味。

评点

做人厚道些不但能和周围的人和睦相处，自己心情也会愉快，神清气爽，有什么不好呢？

福莫大于无祸，祸莫大于求福。

译文

没有比无祸更大的幸福了，没有比祈求幸福更大的祸了。

评点

关于什么是福，不同的人有不同的看法：有的人认为长寿是福，有的人认为多子是福，有的人认为富贵是福，郑板桥甚至认为"吃亏是福"。其实对于老百姓来说，只要无灾无祸，就是福。但幸福不是天上掉下来的，不是神仙赐予的，要靠我们去争取。如果只是一味祈求，没有行动，那不把什么事都耽误了吗？因此在这个意义上说，祈求幸福是灾祸。这段话给我们的启示是，我们要脚踏实地去生活，生活的提高要靠我们自身的努力。

言在行先，名在实先，食在事先，皆君子之所耻。

译文

言语在行动之前，名声在事实之前，享受在做事之前，这都是君子的耻辱。

评点

既是君子，就应勤勤恳恳做事，老老实实做人。

> 两悔无不释之怨，两求无不合之交，两怒无不成之祸。

译文

双方都后悔，没有不解的怨恨；双方都需要，没有不融洽的交往；双方都发怒，没有不成为事实的灾祸。

评点

俗话说：一个巴掌拍不响。无论是交好还是为敌，都是双方面相互作用的结果。在与人交往时，保持高姿态、高风格没有坏处。

> 己无才而不让能，甚则害之；己为恶而恶人之为善，甚则诬之；己贫贱而恶人之富贵，甚则倾之。此三妒者，人之大戮也！

译文

自己没有才能而且不让位给有才能的人，甚至还去陷害人家；自己做坏事而且憎恶别人做好事，甚至还去诬蔑人家；自己贫贱而且害怕别人富贵，甚至还去倾轧人家。这三种嫉妒之心，是人的大耻大辱啊！

评点

　　嫉妒之心害人害己，毒化社会环境，是一大丑恶现象。这种事情从历史上读到过，现仍在身边发生，今后即使不能杜绝，也应坚决打击它的社会基础。

> 　　人皆知少之为忧，而不知多之为忧也。惟智者忧多。

译文

　　人们都知道少了让人担忧，却不知道多了也让人担忧。只有智者为多而担忧。

评点

　　胜仗打多了就容易轻敌，粮食丰收了就容易伤害农民，钱多了就容易生事，荣誉多了就容易骄傲……智者能不担忧吗？

> 　　美生爱，爱生狎，狎生玩，玩生骄，骄生悍，悍生死。

译文

　　看到美的东西就会产生爱，爱上了就想亲近，亲近过分就是戏弄，戏弄起来就会变得骄横，骄横就会日益凶悍，凶悍就要走向死亡。

评点

　　也不能绝对化。美并不是罪恶产生的根源。

人到无所顾惜时，君父之尊不能使之严，鼎镬之威不能使之惧，千言万语不能使之喻，虽圣人亦无如之何也已。圣人知其然也，每养其体面，体其情私，而不使至于无所顾惜。

译文

人到无所顾惜的时候，君父的尊贵不能使他尊敬，鼎镬的酷刑不能使他害怕，千言万语不能使他明白，即使是圣人也对他无可奈何。圣人知道其中的原因，所以常常要保持他们的体面，体谅他们的内心情感活动，而不让他们真发展到无所顾惜的地步。

评点

这是从根本处着眼的"治术"，仍有现实意义。

好人之善，恶人之恶，不难于过甚。只是好己之善，恶己之恶，便不如此痛切。

译文

喜爱别人的好的地方，厌恶别人的坏的地方，态度表现得很激烈也并不难。但是喜爱自己的好的地方，厌恶自己的坏的地方，便不会有如此痛切的情感了。

评点

一牵扯到个人，态度就不一样了。对别人和对自己，一般的人会情不自禁地采取"双重标准"。这是我们很多事情办不好的原因之一。

❀ 物 理 ❀

> 入钉惟恐其不坚，拔钉惟恐其不出。下锁惟恐其不严，开锁惟恐其不易。

译文

钉钉子的时候唯恐钉得不坚固，拔钉子的时候唯恐拔不下来。上锁的时候唯恐锁得不严，开锁的时候唯恐不容易打开。

评点

这一章讲的是事物的常理，由此使人受到启发。

着眼点不同，立场不同，想法也不一样。正是因为有这样的矛盾，在解决"矛"与"盾"的矛盾中，社会才能进步。

> 火不自知其热，冰不自知其寒，鹏不自知其大，蚁不自知其小，相忘于所生也。

译文

火自己不知道自己是热的，冰自己不知道自己是凉的，鹏鸟自己不知道自己大，蝼蚁自己不知道自己小，这是因为它们相互遗忘了自己与生具有的本性。

评点

这样或许也好。假如伟人不知道自己伟大，美人不知道自己美丽，贵人不知道自己尊贵……世上是不是能减少一些麻烦呢？

无功而食，雀鼠是已。肆害而食，虎狼是已。士大夫可图诸座右。

译文

无功而食，只是雀鼠罢了。恣意侵害而食，只是虎狼罢了。士大夫可以把这两句话作为座右铭。

评点

兽有兽性，人有人性。所以人不能"无功而食""肆害而食泣"。

圣人因蛛而知网罟，蛛非学圣人而布丝也；因蝇而悟作绳，蝇非学圣人而交足也。物者天能，圣人者人能。

译文

圣人因看到蜘蛛结网而懂得了编织鱼网，并不是蜘蛛向圣人学习才会结网的；圣人因看到苍蝇交足而领悟了结绳的道理，并不是苍蝇向圣人学习才会交足的。动物的本领是天生的，圣人的本领是学习得来的。

评点

没有人是生而知之，学习是提高人的素质的唯一途径，"只要功夫深，铁杵磨成针"。

❀ 广喻 ❀

> 　　剑长三尺，用在一丝之铦刃；笔长三寸，用在一端之锐毫——其余皆无用之羡物也。虽然，使剑与笔但有其铦者锐者焉，则其用不可施。则知无用者，有用之资；有用者，无用之施。易牙不能无爨子，欧冶不能无砧手，工输不能无钻厮。苟不能无，则与有用者等也，若之何而可以相病也？

译文

　　剑长三尺，只用那一丝宽的利刃；笔长三寸，只用那笔端的锐毫——其余的都是没用的多余之物。虽然如此，假使剑和笔只保留下那有用的部分即利刃与锐毫，那么剑和笔的作用就不可能发挥了。因此可知，无用的部分，是有用的部分的依靠；而有用的部分，依托着无用的部分来发挥作用。春秋时期，擅长烹饪的易牙离不开厨工的帮助，铸剑名家欧冶子不能没有砧手，木工祖师公输般缺不了拉锯打钻的小厮。如果不能没有那无用的部分，那么无用的部分就和有用的部分是一样的，为什么还可以轻视它呢？

评点

　　这一章是广喻，意思是宽泛的比喻。吕坤以生动形象的比喻，讲述生活中的道理，常常富于深刻的哲理。

　　红花还需绿叶扶，一个好汉三个帮。能说谁有用、谁没用吗？

坐井者不可与言一度之天，出而四顾，则始觉其大矣。虽然，云木碍眼，所见犹拘也。登泰山之巅，则视天莫知其际矣。虽然，不如身游八极之表，心通九垓之外，天在胸中如太仓一粒，然后可以语通达之识。

译文

坐在井里的人是不能和他谈论那一圈大的天的，只有走出来四下看看，他才会觉得天真是大。虽然如此，仍然会有云彩、树木遮住视线，所见到的天空还会有局限。如果登上泰山之巅，那么看到的天空则无边无际了。尽管这样，不如身游八方之外，心通九重青天，天在胸中就好像太仓中的一粒米，只有这时才可以谈论那通达的见识。

评点

胸怀宽广，才能放眼世界；眼界开阔，才能使人更聪明。

天下之势，积渐成之也。无忽一毫，舆羽折轴者，积也；无忽寒露，寻至坚冰者，渐也。自古天下国家身之败亡，不出"积渐"二字。积之微，渐之始，可为寒心哉！

译文

天下的形势，都是逐渐积累而形成的。不要忽略极细小的东西，装载羽毛的车子能折断车轴，这是使用时间长了的缘故；不要忽略寒冷的露水，不久就要冻成坚冰，这是温度逐渐降低的结果。自古以来天下、国家、自身的败亡，都不出"积渐"二字。积累初期那最微小的变化，渐渐发展的开始阶段，都足以让人心惊胆战啊！

评点

成语"防微杜渐""居安思危",说的就是这个道理。

背上有物,反顾千万转而不可见也,遂谓人言不可信。若必恃自见,则无见时矣。

译文

背上有东西,回过头反复看而看不见,于是认为人言不可信。但如果一定要等自己看见才相信,那么就没有看见的时候了。

评点

相信自己固然应该,但假如只相信自己,那就是病态了。

射之不中也,弓无罪,矢无罪,鹄无罪。书之弗工也,笔无罪,墨无罪,纸无罪。

译文

箭射不中目标,弓没有罪过,箭没有罪过,靶子没有罪过。字写得不好,笔没有罪过,墨没有罪过,纸没有罪过。

评点

事情做不好,不能怨天尤人,只能怪自己。遇到这种情况,应多从自身找原因。

锁钥各有合，合则开，不合则不开。亦有合而不开者，※有所以合而不开之故也；亦有终日开偶然抵死不开者，※有所以偶然不开之故也。万事※有故，应万事※求其故。

译文

锁和钥匙各相吻合，吻合则能打开锁，不吻合则不能打开锁。也有锁与钥匙虽然吻合却打不开的，但必有打不开的原因；也有总是能打开却偶尔怎么也打不开的，但必有偶尔打不开的原因。万事必有原因，应付万事必须要寻求它的原因。

评点

决不能指望用一把钥匙打开所有的锁。生活里有普通的问题，也有特殊的问题。遇到普通的问题，应用普通的方法去解决；遇到特殊的问题，应用特殊的方法去解决。不要怕寻求原因、解决问题，社会就是在这个过程中进步的。

窗间一纸，能障拔水之风；胸前一瓠，不溺拍天之浪。其所托者然也。

译文

窗户上糊的一层纸，能挡住掀起大浪的风；胸前有一个葫芦，不会淹没于滔天的波浪。这都是有所依托的缘故。

评点

有两点启发：一是只要对头，一两能拨千斤；二是做人也要有根基，不能当水上浮萍墙头草。

> 一薪无焰，而百枝之束燎原；一泉无渠，而万泉之会溢海。

译文

一根柴草烧不出火苗，但百根枝条能形成燎原大火；一眼泉水冲不出小渠，但万泉汇合则能充满大海。

评点

可以从两方面理解：一个是问题如积少成多，便可能酿成大祸，以至不可收拾；一个是众人拾柴火焰高，团结就是力量。

> 卧鼾惊邻，而睡者不闻；垢污满背，而负者不见。

译文

熟睡时的鼾声惊动了邻居，而打鼾的人听不到；背上沾满了污垢，而背着污垢的人看不见。

评点

自己发现自己的问题、缺点一般比较难，最好的办法就是主动争取别人的帮助。

驼负百钧，蚁负一粒，各尽其力也。象饮数石，鼷饮一勺，各充其量也。君子之用人，不必其效之同，各尽所长而已。

译文

骆驼可以背负三千斤的重物，蚂蚁只能背负一粒谷粒，各尽其力而已。大象一次可以饮数十斗水，小家鼠饮一勺水足够，各尽其量而已。君子用人，不必要求每人做事的效果都一样，只要能各尽所长就可以了。

评点

君子用人要各尽所长，人用于君子也应各尽其力。

道途不治，不责妇人。中馈不治，不责仆夫。各有所官也。

译文

道路管理不善，不要责备妇女。本应由主妇主持的家庭饮食等事管理不善，不要怪罪仆人。因为各人有各人的职责。

评点

各就各位，各尽其责。这是社会的规则之一。

瓦砾在道，过者皆弗见也，裹之以纸，人必拾之矣；十袭而椟之，人必盗之矣。故藏之，人思亡之；掩之，人思检之；围之，人思窥之；障之，人思望之。惟光明者不令人疑，故君子置其身于光天化日之一，丑好在我，我无饰也；爱憎在人，我无与也。

译文

　　瓦砾扔在道上，路过的人都不会注意，如果用纸包起来，人们必然会去拾取；如果用十层锦缎包起来装在一个木匣里，人们必然会去偷盗。所以只要把东西藏起来，人们就会想偷它；把东西掩盖起来，人们就会想查看它；把东西围起来，人们就会想偷看它；把东西遮挡起来，人们就会想看看究竟。只有光明的东西才不会令人生疑，因此君子要置身于光天化日之下，是丑是美在于我自己，我不会去掩饰；喜欢我还是憎恶我在于别人，与我无关。

评点

　　无私者无畏。心中无鬼，才能正大光明，不藏着掖着，好奇的人也许就少了许多兴致。

极必反，自然之势也。故绳过绞则反转，掷过急则反射。无知之物尚尔，势使然也。

译文

　　物极必反，这是自然的趋势。所以绳子绞得过于紧就会反转，东西扔得过于急就会反弹。无知的东西还这样，是因为形势所决定的。

评点

　　任何事物发展到极端，便走向反面。这是不以人的意志为转移的客观规律。

蜀道不难，有难于蜀道者，只要在人得步：得步则蜀
道若周行，失步则家庭皆蜀道矣。

译文

蜀道不算难走，还有比蜀道更难走的，只要看你走得得当不得
当：走得得当则蜀道也如同大路，走得不得当则家里的院子也变成了
蜀道。

评点

方向确定了，方法就是主要的了。方法不同，结果也会有很大
的差异。

君子之教人也，能妙夫因材之术，不能变其各具
之质。譬之地然，发育万物者，其性也。草得之而为
柔，木得之而为刚，不能使草之为木，而木之为草也。
是故君子以人治人，不以我治人。

译文

君子教育人，能很好地掌握因材施教的方法，
不能改变被教育一方特有的本质。譬如土
地一样，使万物生长发育，这是土地的特
性。草长在地里是柔软的，树长在地里
是坚硬的，土地不能使草变成树，也不能
使树变成草。因此君子教育人因人而异，不
以自己的个性、好恶去影响学生。

评点

注意发挥内在因素的作用，着重培养个性，突出
特质，这不仅是教育的方法，也是做事的方法。

> 羊肠之隘，前车覆而后车协力，非以厚之也，前车当关，后车停驾，匪惟同缓急，亦且共利害。为人也，而实自为也。呜呼！士君子共事而忘人之急，无乃所以自孤也夫！

译文

羊肠小道上，走在前面的车翻了，跟在后面的车肯定会去帮助它，这不是因为有交情，而是因为前车挡住了路，后车走不了，不仅同缓急，而且共利害。为他人，实际也是为自己。唉！士君子与人共事却忘记急人所急，岂不是自己孤立自己嘛！

评点

我为人人，人人为我。与人方便，自己方便。帮助了别人，也就帮助了自己。这都是同样的道理。

> 挞人者梃也，而受挞者不怨梃；杀人者刃也，而受杀者不怨刃。

译文

打人用的是棍棒，但被打的人不会怨恨棍棒；杀人用的是刀，但被杀的人不会怨恨刀。

评点

怨有头，债有主。抛开消极的一面，这句话说在了根本上。上面这段话内含的意思就是处理事情时，要抓主要矛盾，解决主要问题。

以佳儿易一跛子，子之父母不从，非不辨美恶也，各有所爱也。

译文

用一个发育很健康的孩子去换一个瘸腿的孩子，瘸腿孩子的父母不会同意，这不是他们分辨不出美丑好坏，而是各有所爱。

评点

生活中，感情因素往往会影响人们的选择，增加失误的可能。

人有夫妇将他出者，托仆守户。爱子在床，火延寝室。及归，妇人震号，其夫环庭追仆而杖之。当是时也汲水扑火，其儿尚可免与！

译文

有一对夫妇将要到别处去，托仆人照看门户。他们的爱子躺在床上，家里着了火蔓延到室内。夫妇俩及时回来，妇人大声嚎哭，她的丈夫满院子追打仆人。这时如果赶快打水灭火，他们的儿子或许还可以免遭祸殃！

评点

这个故事给人两点启发：一是出了问题不要首先忙于惩戒或追究责任，二是出了问题要赶快想办法补救或挽回。

❀ 词章 ❀

诗词文赋都要有个忧君爱国之意,济人利物之心,春风舞雩之趣,达天见性之精;不为赘言,不袭余绪,不道鄙迂,不言幽僻,不事刻削,不徇偏执。

译文

凡诗词文赋内中都要有忧君爱国的想法,有助人利他的心意,有在春风中舞蹈求祈的情趣,还要有豁达直率的精神;没有多余的话,不因袭别人的想法,不说鄙俗迂阔的话,不谈幽深僻远的事,不用刻薄的言辞,不顺从偏执之言。

评点

这一章是词章。词章是诗文的统称,吕坤在这一章里讲述了他对诗文的一些看法。

这一段话是吕坤对诗文的总要求,极有见地,而且也身体力行了。

疏狂之人多豪兴,其诗雄,读之令人洒落,有起懦之功。清逸之人多芳兴,其诗俊,读之令人自爱,脱粗鄙之态。沈潜之人多幽兴,其诗淡,读之令人寂静,动深远之思。冲淡之人多雅兴,其诗老,读之令人平易,消童稚之气。

译文

　　狂放不羁的人多豪迈，他的诗雄健，读了令人洒脱，可以使懦弱的人振作。清新脱俗的人多美好，他的诗俊朗，读了令人自爱，可以使人脱去粗鄙之态。沉静含蓄的人多幽深，他的诗清淡，读了令人寂静，可以使人动深远之思。平和淡泊的人多高雅，他的诗老到，读了令人平易，可以使人减少童稚之气。

评点

　　常说的"文如其人"，就是这个意思。

> 　　诗，低处在觅故事寻对头，高处在写胸中自得之趣，说眼前见在之景。

译文

　　作诗，水平低的只是搜罗典故和寻求对仗，水平高的则是抒发胸中自得的情趣，描写眼前看见的景物。

译文

　　这是两种境界。"诗言志，歌咏言"，这种中国古代诗歌创作的优良传统，我们无疑应予继承。

> 　　诗辞要如哭笑，发乎情之不容已，则真切而有味。果真矣，不必较工拙。后世只要学诗辞，然工而失真，非诗辞之本意矣。故诗辞以情真切、语自然者为第一。

译文

创作诗辞要如同哭笑，发自内情而不容停止，这样则真切而有味道。如果表达的是真实感情，那么不必计较写得好不好。后世的人只是为了学诗辞而学诗辞，虽然精巧，但却失真，这不是创作诗辞的本意了。因此诗辞创作以感情真切、语言自然为最好。

评点

文风是人，是风格，也是方法。

文章有八要：简、切、明、尽、正、大、温、雅。不简则失之繁冗，不切则失之浮泛，不明则失之含糊，不尽则失之疏遗，不正则理不足以服人，不大则失冠冕之体，不温则暴厉刻削，不雅则鄙陋浅俗。庙堂文要有天覆地载，山林文要有仙风道骨，征伐文要有吞象食牛，奏对文要有忠肝义胆。诸如此类，可以例求。

译文

做文章有八个要点应牢记：简略、切实、明白、完整、公正、大气、温和、雅致。不简略则失之繁冗，不切实则失之浮泛，不明白则失之含糊，不完整则失之疏漏，不公正则理不足以服人，不大气则有失身份，不温和则暴戾刻薄，不雅致则鄙陋浅俗。朝廷的文章要有天覆地载的胸襟，隐逸的文章要有仙风道骨的品貌，征伐的文章要有吞象食牛的气概，奏对的文章要有忠肝义胆的精神。诸如此类，可以类推。

评点

八个要点今日同样适用。

学者读书，只替前人解说，全不向自家身上照一
照。譬之小郎替人负货，努尽筋力，觅得几文钱，更不知
此中是何细软珍重。

译文

今天的学者读书，只是在为前人的文章做解说，全不往自己的身
上照一照。这就好比小孩子替别人背货物，用尽了力气，只挣下几文
钱，却不知道身上背的是什么细软财宝。

评点

学习前人的文章，要学
其精华，不要学其皮毛；要创
新，不要模仿；要活学活用，
不要当书蠹虫、抄书匠。